AF453853

LE

Livre d'Honneur des Exposants.

LA HAUTE-MARNE

COMPTE-RENDU

DE

L'EXPOSITION INDUSTRIELLE, AGRICOLE, HORTICOLE,

DE

SAINT-DIZIER

SOUS LA DIRECTION SCIENTIFIQUE ET LITTÉRAIRE

DE

M. Victor MEUNIER

Rédacteur de la Revue scientifique du *Siècle*

Livraison *feuilles 3-4*

Paris

IMPRIMERIE CHROMOTYPOGRAPHIQUE A.-E. ROCHETTE.

1860

Voir à la 4e Page de la Couverture les Conditions de la Souscription.

Livre d'Honneur des Exposants.

LA HAUTE-MARNE

COMPTE-RENDU

DE

L'EXPOSITION INDUSTRIELLE, AGRICOLE, HORTICOLE,

DE

SAINT-DIZIER

SOUS LA DIRECTION SCIENTIFIQUE ET LITTÉRAIRE

de

M. Victor MEUNIER

Rédacteur de la Revue scientifique du *Siècle*

1ère Livraison

Paris

IMPRIMERIE CHROMOTYPOGRAPHIQUE A.-E. ROCHETTE.

1860

Voir à la 4e Page de la Couverture les Conditions de la Souscription.

LE
LIVRE D'HONNEUR
DES EXPOSANTS

PRÉFACE

La circulaire suivante a été adressée à MM. les Exposants par MM. les Organisateurs-Administrateurs de l'Exposition :

« Saint-Dizier, le 5 septembre 1860.

» Monsieur,

» Nous désirons très-vivement que la grande Exposition de Saint-Dizier produise les bons résultats que nous nous sommes proposés d'obtenir en nous dévouant à cette œuvre. Dans ce but, nous vous prions de nous permettre de vous faire une communication dont l'importance ne vous échappera pas.

» Nous voulons donner un corps et la vie durable à vos sacrifices et à nos travaux. Voici comment nous comprenons cette nouvelle mission :

» Nous désirons qu'un volume complet, monument pour l'Industrie et pour l'Histoire, soit publié sur l'Exposition.

» Chaque exposant aura sa page dans ce volume, suivant l'importance de son industrie.

» Toute réclame sera étrangère à la publication de ce Livre d'Honneur, destiné à constater des faits, à protéger les exposants, à servir de lumière à tous et non à créer des antagonismes, des rivalités, des mécontentements désastreux.

» Nous nous réservons la peine de communiquer tous les documents qui nous seront remis et de veiller à ce que rien de contraire aux intérêts des exposants ne soit publié de notre plein gré.

» Le soin de coordonner ces matériaux est confié à M. Victor MEUNIER, ancien rédacteur scientifique de la *Presse*, dont les lecteurs se rappellent encore les feuilletons. M. Victor MEU-NIER, qui a quitté *La Presse* il y a six années, pour fonder le premier des journaux consacrés à la propagation des sciences positives, l'*Ami des sciences*, et qui rédige aujourd'hui le bulletin scientifique et industriel du *Siècle* et la section de géologie de la *Presse scientifique des Deux-Mondes*, réunira les matériaux dont nous sollicitons l'envoi dans un ouvrage intitulé : *Le Livre d'Honneur des Exposants, Compte-Rendu de l'Exposition industrielle, agricole et horticole de Saint-Dizier.*

» Pour que nous puissions parvenir convenablement à cette fin, il devient nécessaire que vous nous remettiez ou nous fassiez remettre, au bureau même de l'Exposition (il est dans le kiosque, au milieu de la grande pelouse, sur le lac), une notice historique, scientifique et statistique sur votre industrie, sauf, par nous, à lui faire donner dans le volume la forme littéraire qu'elle devra avoir pour la régularité de l'ouvrage et pour que nul ne soit fondé à se plaindre.

» Plusieurs personnes se proposent de publier des journaux spéciaux à l'occasion de l'Exposition de Saint-Dizier. — Nous ne pouvons qu'applaudir à leur zèle. Mais, tout en respectant l'action privée, il est de notre devoir de veiller avec soin à ce qu'elle ne nous compromette pas. Nous croyons donc utile de vous déclarer que nous déclinons toute responsabilité dans cette circonstance pour les appréciations qui ne porteraient pas cette mention : *Communiqué par l'administration de l'Exposition.*

» La publicité dont nous parlons devant avoir pour conséquence rigoureuse de mettre en lumière et en honneur votre propre industrie et vos travaux, nous vous laisserons la tâche de la propager dans votre sphère d'action, suivant que vous le croirez convenable. Si vous jugez opportun d'intervenir par une circulaire-prospectus auprès de vos clients, il en sera mis à votre disposition le nombre d'exemplaires que vous déterminerez. De notre côté, nous donnerons à cette affaire la publicité qu'elle exige pour que le succès en soit assuré.

» Vous pourrez désirer, Monsieur, plusieurs exemplaires du *Livre d'Honneur*. Dans le cas où le nombre des exemplaires que vous demanderiez serait considérable, il pourrait vous être offert des conditions particulières très-avantageuses en dehors même de la réduction des frais de poste. — Quelle que soit votre détermination, nous vous prions de nous la faire connaître, comme aussi de nous adresser votre adhésion.

» Veuillez agréer, Monsieur, l'expression de nos sentiments de haute considération et de dévouement.

» *Les Organisateurs-Administrateurs de l'Exposition de Saint Dizier :*

» J. CARNANDET, C.-P. Marie HAAS, C. GIRARDOT. »

C'est donc sous le patronage de la Commission que paraît le *Compte-rendu* dont nous commençons la publication. Ce caractère, en quelque sorte officiel, nous impose de grandes obligations, voici de quelle manière nous entendons les remplir :

Décrire l'Exposition avec exactitude, préciser impartialement la part pour laquelle chaque exposant aura contribué à l'éclat de ce grand concours; c'est évidemment la partie essentielle de notre tâche, mais ce n'est pas, selon nous, notre tâche tout entière.

Nous devons voir plus loin que l'Exposition, ou, pour mieux dire, celle-ci doit être l'occasion de constater l'état précis des industries représentées. Le caractère spécial de l'Exposition de Saint-Dizier, et les circonstances au milieu desquelles elle s'ouvre, donnent à cette partie de notre œuvre une très-grande importance.

« En tout temps, disions-nous dans le *Siècle* du 10 septem-

bre, une exposition à laquelle les plus puissantes usines de la
Meuse, de la Haute-Marne, etc., apportent leur concours,
offrirait de beaux sujets d'étude; l'intérêt est plus vif aujour-
d'hui que jamais, en raison des conditions nouvelles dans lesquelles le traité de commerce anglo-français va placer diverses
industries, celle du fer entre autres. Nous serons attentifs à
toutes les grandes questions que cette Exposition soulève et
doit contribuer à élucider. »

Afin d'élucider ces questions, nous voulons embrasser dans
son ensemble chacune des grandes industries qui donnent à
l'Exposition de Saint-Dizier son caractère particulier. Nous ne
les étudierons pas seulement dans l'enceinte de l'Exposition,
mais encore dans les ateliers et les usines où elles s'exercent;
nous ne nous enquerrons pas de leur situation auprès des exposants seuls, notre enquête s'étendra à toutes les maisons
importantes que la distance ou tout autre motif empêche de
figurer à Saint-Dizier; nous indiquerons le rôle de chacune de
ces maisons dans la production générale, nous rappellerons
les récompenses décernées dans les précédents concours. Il y a
deux motifs pour étendre ainsi le cercle de nos études : l'écou-
lement de ce livre est assuré à l'étranger (en Angleterre et en
Belgique particulièrement), nous voulons que la France y
fasse une figure digne d'elle, ceci est une question d'honneur
national; il faut aussi qu'on sache chez nous à quelles conditions et dans quelles limites certaines de nos industries seront
en mesure de soutenir la concurrence étrangère; ceci est une
question d'existence. Nous ne négligerons rien pour que ce
livre apporte à tout esprit réfléchi une notion exacte de notre
force et de nos besoins.

Ce n'est donc pas seulement aux exposants et à leurs clients
que notre *Compte-rendu* s'adresse, mais à tous les chefs d'industrie qui, absents du concours de Saint-Dizier, eussent pu,
en raison de la spécialité de leurs travaux, prendre part à
cette lutte pacifique. Nous sollicitons le concours de ceux-ci,
aussi bien que le concours de ceux-là; nous demandons également, aux uns et aux autres, la communication des documents

indispensables pour les faire figurer équitablement dans notre travail, et nous sommes à leur disposition pour visiter les ateliers et usines auxquels il conviendra de consacrer des notices particulières.

Une Exposition ne met pas seulement des industriels et des clients en face les uns des autres, elle est une invitation au public tout entier ; un Compte-rendu doit donc être un moyen d'initier le public par des exposés attrayants et lucides, à la connaissance des diverses branches de la production. Nous attachons trop de prix à la vulgarisation des connaissances utiles pour négliger cette intéressante partie de notre tâche.

Enfin, comme toute Exposition régionale porte le caractère de la contrée où elle a lieu ; comme à la faveur de ces grands spectacles l'attention de la France entière est successivement appelée sur chacune de nos provinces ; comme les Expositions sont en outre le signe le plus manifeste du réveil de la vie provinciale : il convient que les comptes-rendus de ces solennités, loin d'être coulés dans un moule uniforme, soient empreints d'une forte couleur locale, qu'ils mettent en relief les traits caractéristiques de chaque contrée, qu'ils en fassent connaître les ressources et les besoins ; c'est là, en ce qui concerne la Haute-Marne, un devoir plein d'attrait auquel il est aisé de ne pas faillir. Nous n'y faillirons point.

On connaît maintenant notre plan ; au public et aux exposants en particulier de nous aider à le réaliser s'ils en jugent la réalisation possible.

Victor MEUNIER.

LA HAUTE-MARNE (1)

Le département de la Haute-Marne, ainsi appelé parce que la rivière de ce nom y prend sa source (à 5 kilom. au sud de Langres), est situé entre ceux de la Meuse au nord, de la Côte-d'Or au sud, de l'Aube à l'ouest et des Vosges à l'est. Ses limites sont purement conventionnelles à tel point que l'étang de La Hore ne lui appartient que pour un tiers de sa superficie. Il est formé d'une partie de la Champagne et de quelques localités de la Lorraine, de la Franche-Comté et de la Bourgogne. Sa superficie est de 6,229 kilomètres carrés; il dépasse la moyenne des départements français de 11,214 hectares. Sa population de 255,969 habitants est inférieure de 150,000 âmes à la population moyenne des départements. Son chef-lieu, Chaumont, est situé à 240 kilomètres N.-E. du centre de la France pris à Bourges. Ce département est divisé en trois arrondissements (Chaumont, Langres, Vassy), 28 cantons et 550 communes. Il appartient à la 7me division militaire, dépend de la Cour impériale de Dijon, et a un évêché à Langres.

Coupée par des montagnes et par des vallées, la Haute-Marne offre un aspect très-varié. La principale chaîne appendice des montagnes des Vosges qu'on désigne sous le nom de montagne de Langres traverse le département de l'est-sud-est au sud-sud-ouest; sa hauteur ne dépasse pas 450 mètres. Il se détache de chaque côté de cette chaîne un grand nombre de collines qui se prolongent jusqu'aux extrémités nord et sud du département, et bordent d'étroites vallées dans lesquelles plusieurs rivières prennent leur source. Les principales vallées sont celles de la Marne, de l'Aube, de l'Ource et de la Meuse.

(1) Nous empruntons la plupart des éléments de cette notice aux excellentes publications de MM. Carnandet et Haas. On ne saurait puiser à de meilleures sources.

Outre ces rivières, le département est arrosé par une multitude de ruisseaux abondants qui se perdent dans de plus grands cours d'eau. Les fontaines sont nombreuses ; de toutes parts des eaux salubres jaillissent en abondance.

Les eaux minérales ferrugineuses sont assez communes ; les seules eaux thermales sont celles de Bourbonne-les-Bains.

Les étangs ne sont pas multipliés ; peu de départements sont plus riches en forêts : il y a 75,722 hectares de bois dans l'arrondissement de Chaumont, 44,221 dans celui de Langres, et 49,823 dans celui de Vassy. C'est le 7e de nos départements sous le rapport forestier. Les essences dominantes sont le chêne, le hêtre, l'orme, l'érable, le frêne, le charme, le tremble, le peuplier et l'aulne. — Le climat est, en général, celui de la région du nord-est ; la température moyenne est assez froide pour la latitude.

Les 622,100 hectares qui composent la superficie du département de la Haute-Marne se composent ainsi :

Terres labourables.	338,092
Prés et herbages.	38,975
Vignes.	16,057
Forêts, bois.	169,766
Terrains divers.	29,920
Propriétés bâties.	1,787
Rivières, routes, etc.	27,683

A part le terrain granitique, qui se montre accidentellement à Bussières-lès-Belmont, au fond d'un ravin où il occupe plusieurs hectares, le sol de la Haute-Marne appartient en entier aux terrains secondaires. Nous allons les énumérer selon leur ordre de formation :

LE TRIAS, ainsi nommé parce qu'il se compose de trois étages très-distincts qui sont par rang d'ancienneté : les grès bigarrés, le muschelkalk et les argiles ou marnes irisées couvre à l'extrémité sud-est du département une faible étendue où il a l'aspect d'une plaine peu accidentée.

Le grès bigarré ou *nouveau grès rouge* des Anglais (new red sandstone) se compose de grès quartzeux argilifères de couleurs variées renfermant des paillettes de mica et alternant avec des couches d'argile. Ces grès contiennent beaucoup de végétaux, mais peu d'animaux. C'est dans cet étage cependant qu'aux Etats-Unis M. Hitchcock a signalé ces empreintes de pas d'oiseaux nommés *Ornithichnites*, et qu'en Saxe on a signalé celles d'un animal inconnu, d'un énorme reptile probablement, qui a reçu le nom de *Chirotherium*. Le grès bigarré forme le territoire de quelques localités du sud-est dans les environs de Fresnes. Les assises inférieures de cet étage donnent de belles pierres de taille, les assises supérieures sont exploitées pour dalles ou meules à aiguiser. Enfin, plus haut encore, les couches argileuses sont employées comme terres à briques. Ce terrain du grès bigarré est peu fertile; on l'améliore avec de la chaux.

Le *muschelkalk* ou calcaire coquillier, ainsi nommé par les Allemands, consiste en divers couches de calcaire compacte, tantôt gris de fumée, tantôt d'un gris bleuâtre ou noirâtre, quelquefois magnésien et alternant avec des marnes et des argiles. Cet étage est très-riche en débris fossiles : on y trouve entre autres plus de trente espèces de poissons, dix espèces de reptiles, etc. La ville de Bourbonne repose sur le muschelkalk, la nature un peu marneuse de ce terrain le rend assez fertile.

Les *argiles irisées* se composent d'une multitude de couches argileuses et marneuses irrégulièrement colorées alternant avec des grès quartzeux. Elles contiennent un assez grand nombre de végétaux, beaucoup de mollusques et des débris de poissons et de reptiles. Dans la Haute-Marne, les vallées de l'Apance, de l'Amance, du Saulon et de leurs affluents sont creusées dans cet étage. On en extrait le gypse dans une multitude de localités. La zone des argiles irisées constitue une région éminemment fertile où la culture des céréales donne lieu à un grand commerce d'exploitation.

Le terrain jurassique tire son nom des montagnes du

Jura qui en sont entièrement formées ; il occupe la plus grande partie du département. Ce terrain se divise en deux grands groupes : l'étage du *lias* et la formation *oolithique*.

Le *lias* est formé de bas en haut de couches arénacées ordinairement composées de sable et surtout de grès quartzeux souvent calcarifères, de calcaires compactes argilifères, et enfin de puissantes couches de marne. Il est très-riche en fossiles : les plus remarquables sont des reptiles de forme bizarre et de taille gigantesque tels que les *ichthyosaures* ou poissons-lézards dont quelques-uns devaient avoir plus de sept mètres de long ; les *plesiosaures*, dont le cou ressemblait au corps d'un serpent ; les *ptérodactyles*, reptiles volants, etc.... Le lias se remarque dans l'arrondissement de Langres et dans le nord-est de celui de Chaumont. Le grès siliceux est exploité comme pierre de taille et pour meules propres à la coutellerie et à la taillanderie ; ces meules sont fort estimées, on les exporte jusqu'en Amérique. Le grès friable fournit ailleurs la matière première des creusets de hauts-fourneaux.

La *formation oolithique* se divise en trois étages :

L'*oolithe inférieure* constitue de puissantes assises de calcaire riches en débris de végétaux, plus riches encore en débris de zoophytes, de mollusques, de poissons et de reptiles ; on y a trouvé quelques mâchoires de mammifères voisins des didelphes. Les marnes brunes de cet étage commencent au sud du plateau de Langres, s'étendent jusqu'à Saint-Thiébault, Rolampont, Nogent et Langres.

Elles composent un sol riche et fournissent des argiles employées à la fabrication des tuiles et des briques. Le plateau de Langres est formé de calcaire à entroques composé de débris fossiles soudés par un ciment argilo-ferrugineux. Les carrières de Saint-Geosmes, ouvertes dans ce terrain, fournissent de belles pierres de taille employées à Langres. Le calcaire oolithique, plus précieux encore, s'exploite souterrainement à la Maladière, vers Chaumont. Une faible épaisseur de terre végétale recouvre les assises supérieures qui forment des vallées profondément encaissées.

L'*oolithe moyenne* comprend de puissantes couches d'argile bleue (*argile d'Oxford*), renfermant de nombreux et beaux fossiles, des sables et des grès calcarifères et plusieurs assises de calcaire, entre autres le calcaire à coraux *(coralrag)* remarquable par l'abondance des polypiers qui y forment parfois des bancs continus de 4 à 5 mètres de puissance, où on les trouve gardant la position dans laquelle ils ont vécu au fond de la mer. C'est à ce coralrag que se rapporte la précieuse pierre lithographique de Bavière. L'oolithe moyenne se distingue aisément, dans la Haute-Marne, de l'oolithe inférieure par un relief de plus de 80 mètres qu'on peut suivre sur toute l'étendue de l'affleurement. L'argile d'Oxford est exploitée pour la fabrication de la tuile; on exploite également une couche de minerai de fer qui se trouve au-dessous de cette argile; l'extraction se fait en galeries. Des calcaires marneux donnent de bonne chaux hydraulique. On exploite à Vignory un calcaire lithographique.

L'*oolithe supérieure* comprend l'argile de Kimmeridge et le calcaire de Portland, tous deux riches en fossiles. L'argile de Kimmeridge alimente dans la Haute-Marne un grand nombre de tuileries, le calcaire de Portland est employé comme pierre de taille. On exploite largement un minerai d'alluvion de très-bonne qualité, provenant du remaniement de l'étage supérieur, et que les eaux ont accumulé dans les cavités du calcaire portlandien. Les plateaux que forme l'oolithe supérieure, privés d'eau, jonchés de pierres, sont tristes et monotones; les vallées, au contraire, sont fertiles et vivifiées par de nombreux établissements métallurgiques.

Le terrain crétacé doit son nom au calcaire blanc, tendre et traçant, qu'on appelle *craie* et qui en occupe la partie supérieure. Il se divise en trois étages, qui sont d'après leur ordre d'ancienneté : l'*étage des sables ferrugineux,* l'*étage glauconieux* (ou grès vert) et l'*étage crayeux.* Ce terrain abonde en coquilles marines : on y trouve en outre quelques végétaux, divers genres de poissons, des reptiles et des débris d'oiseaux. Dans la Haute-Marne, l'étage des sables ferrugineux fournit des calcaires siliceux servant au pavage des rues, des marnes qui alimentent un grand nombre de tuileries, des calcaires marneux donnant d'excellente chaux hydraulique, des argiles employées à la fabrication de briques réfractaires estimées. L'étage glauconieux produit des sables employés au moulage et à la construction des creusets des hauts-fourneaux. Une couche d'un minerai de fer riche et pur est exploitée en plusieurs endroits. Le terrain de grès vert est couvert de forêts où la haute-futaie prend un développement remarquable. La craie tuffeau, qui se montre vers le nord-ouest du département, forme un sol fertile et favorable surtout à la culture des céréales.

L'histoire de ce département se confond avec celle de la Champagne. On en trouvera le résumé dans le livre de M. Carnandet. Nous nous bornerons à un souvenir de l'histoire contemporaine. La Haute-Marne fut envahie, en 1814, par les armées coalisées. Au mois de janvier, Napoléon chassa l'ennemi de Saint-Dizier; quelques jours plus tard, il expulsait Blücher de Brienne. S'étant porté quelques semaines après sur Doulevant, ce mouvement jeta la terreur parmi les coalisés; les Autrichiens évacuèrent Chaumont et se retirèrent sur Langres. Réfugiés dans les bois, les paysans exaspérés attaquaient les corps isolés et les convois. Ceux de Perrancey, Vieux-Moulins, Noidant, armés de vieux fusils et de fourches, se jetèrent sur les Cosaques et en tuèrent un grand nombre. Un escadron autrichien s'étant porté sur Vieux-Moulins avec ordre de faire prisonnier tout ce qui s'y trouverait, il n'y rencontra que des vieillards.

Le 1er mars 1814, les souverains alliés, de nouveau maîtres de Chaumont, y signèrent le traité par lequel la Prusse, l'Angleterre, la Russie et l'Autriche s'engageaient à réduire la France à ses anciennes limites.

Des monuments de tous les âges se rencontrent dans le département de la Haute-Marne.

La mystérieuse époque dite celtique est représentée par

quelques *tumuli* qu'on voit à Montsaon, à Courcelles-en-Mon-
tagne, à Perrogney; la *Pierre Alot* dans les bois de Vitry-
lès-Nogent, l'enceinte de pierres ou *cromleck* placée sur la
butte des Fourches, près de Langres, et la *Haute-Borne*, située
dans l'arrondissement de Vassy, à 500 pas des ruines de l'ancienne ville du Châtelet.

Il reste des Romains des tronçons de chaussées, entre autres
ces huit grands chemins qui partaient de Langres et aboutis-
saient aux principales cités de la Gaule, et l'*arc-de-triomphe*
enclavé dans l'un des remparts de cette ville.

Quelques églises méritent l'attention de l'archéologue : la
cathédrale de Langres, dont la construction date de la fin du
XIe siècle, est belle parmi les plus belles; l'*église de St-Martin*,
de la même ville, construite au XIIIe siècle, a été complétée au
XVIIIe, par une tour qui est un chef-d'œuvre de légèreté et
d'élégance; le *chœur de l'église de Montsaugeon* (même arrondissement), édifice du XIe siècle, offre une très-belle verrière et
des précieuses boiseries sculptées.

Dans l'arrondissement de Vassy, on trouve à citer l'*é-
glise Saint-Agnan de Poissons*, dont le chœur et les deux
chapelles sont environnées d'une magnifique boiserie; l'*église
de Ceffonds*, classée au nombre des monuments historiques et
digne d'attention par la variété des vitraux éclatants qui la
décorent; dans l'*église de Moeslains*, la belle statue de saint
Aubin, évêque d'Angers, œuvre d'un grand maître inconnu;
enfin, l'antique *église abbatiale du Der*, devenue la paroisse
de Montierender, l'une des plus intéressantes de la Haute-
Marne; la nef centrale et ses ailes sont de l'époque romaine,
le chevet, les chapelles et la tour de la première moitié du
XIIIe siècle. Le portail a été réédifié au commencement du
XVIe siècle.

L'arrondissement de Chaumont, qui est le moins riche en
édifices religieux, en offre cependant deux remarquables :
l'*église Saint-Jean-Baptiste*, qui appartient à l'époque ogivale
et où l'on admire un beau Christ au sanctuaire, et la *chapelle
du Lycée*, terminée en 1634.

De nombreux châteaux-forts s'élevaient autrefois dans les contrées qui forment aujourd'hui la Haute-Marne; on en trouve des vestiges à Celsvy, à Chalencey, à Percey-le-Petit, à Prangey, etc... La belle tour féodale de Hautefeuille, à Chaumont, est encore debout.

Parmi les édifices civils dignes d'attention : le château du grand jardin de Joinville, celui de Pailly, œuvres remarquables de la Renaissance, la porte des Moulins, à Langres; les tombeaux des sires d'Aigremont, dans l'église du village de ce nom, doivent être mis au premier rang,

Entre les personnages marquants qu'a produits la Haute-Marne, nous citerons : le général comte de DAMRÉMONT, né à Chaumont, en 1783, tué au siége de Constantine, le 12 octobre 1836; Denis DIDEROT, né à Langres, en 1713; GAUTHIER-SANS-ARGENT, qui, au XIe siècle, commanda le premier corps d'armée de la croisade de Pierre-l'Ermite, il était seigneur de Noyers, près de Clefmond ; le sire de JOINVILLE, né dans cette ville, en 1226 ; Auguste LAURENT, grand chimiste, né en 1807, à la Folie, près de Langres, mort en 1855 ; Philippe LEBON, l'inventeur de l'éclairage au gaz, né en 1765, à Brachay, mort à Paris, en 1806 ; Julius SABINUS, illustré par le dévouement d'Eponine; le peintre Jules-Claude ZIÉGLER, né à Langres en 1804, mort en 1856, etc.... Les Choiseul ont pris leur nom du village de Choiseul dans le Bassigny.

« Cette famille, dit M. Haas, paraît avoir été plus guerroyante que généreuse, et on ne trouve presque rien de remarquable (en fait d'édifices) dans les nombreux villages qui ont appartenu à ces puissants barons. »

Plusieurs membres de la famille de Guise sont nés à Joinville.

Les habitants de la Haute-Marne sont de stature moyenne et assez bien proportionnée. Ils sont de mœurs douces, hospitaliers, sobres, laborieux, braves. Les attentats contre les personnes sont fort rares.

« Il y a peu d'années encore, dit M. Carnandet, on croyait

dans certaines contrées aux revenants, aux sorciers, aux loups-garoux, au sabbat. » Faut-il entendre qu'on n'y croit plus? Du reste, la Haute-Marne figure parmi les cinq départements les plus favorisés sous le rapport de l'instruction primaire.

Dans toutes les communes de 700 âmes et dans un grand nombre de celles dont la population est moindre, chacun des deux sexes a son école spéciale. Les écoles primaires comptent 20,013 garçons et 39,127 filles; la gratuité de l'enseignement est absolue dans un grand nombre de communes; 16,794 enfants jouissent de ce bénéfice. Disons encore qu'on compte dans la Haute-Marne 10 bibliothèques publiques : la plus importante, qui est celle de Chaumont, n'a pas moins de 35,000 volumes et 160 manuscrits. Langres et Chaumont ont des musées et des écoles de dessin. On publie 4 journaux politiques, une feuille commerciale et un recueil d'agriculture.

Sous le rapport hygiénique, les résultats sont moins satisfaisants ; ce département qui se compose de 550 communes n'occupe en propriétés bâties que 1727 hectares. Dans quelques villes, les habitations sont agglomérées à un point extraordinaire; cela tient aux anciennes fortifications, mais on ne rencontre même point des communes rurales dont les maisons soient éparses sur un large territoire. Un grand nombre d'entre elles sont défavorablement situées sur ces cours d'eau peu rapides qui sillonnent en tous sens le département. Dans les localités bâties sur des plateaux, on trouve presque toujours d'immenses mares servant d'abreuvoir. Ailleurs, il existe, à proximité des habitations, des routoirs où l'eau qui a servi au rouissage du chanvre ne se renouvelle que difficilement. Les rues sont mal tenues, souillées de flaques d'eau croupissantes, enfin pour compléter le tableau les habitations rurales sont généralement basses, humides, mal éclairées, souvent au-dessous du sol. Des familles entières couchent dans des chambres à plusieurs lits, renfermés dans des alcôves en briques où l'air se renouvelle difficilement. Les maisons des petits cultivateurs sont généralement com-

posées de deux pièces communiquant par des portes mal
jointes avec l'écurie ou l'étable, entourées de fumier, d'eau
pluviale et ménagère. Les habitations des manœuvriers plus
étroites encore ne sont souvent que de mauvaises cabanes en
bois, couvertes en chaume où toute la famille s'entasse sur le
sol humide.

Dans toutes les villes les rues sont pavées et balayées chaque
jour, mais les habitations des classes ouvrières, celles de la
classe pauvre surtout, encaissées, basses, mal aérées, situées
dans des rues étroites, ne sont guères supérieures à celles
des travailleurs des champs.

En échange le régime alimentaire est assez bon. Il a généralement pour base le pain de froment qui est de très-bonne
qualité, la viande de porc, les légumes frais et secs, le lai-
tage et les fruits. On consomme peu de viande dans les cam-
pagnes, et ailleurs que dans les pays vignobles la consommation du vin est excessivement restreinte, ajoutons que la
classe indigente est relativement peu nombreuse, tandis que
l'assistance publique et privée sont très-actives.

6 Routes nationales, 12 routes départementales, 25 chemins de grande communication, 40 chemins de moyenne
communication ; en tout 83 lignes, ayant ensemble une longueur de 1,909 kilomètres 726 mètres, couvrent aujourd'hui
tout le département d'un réseau parfaitement coordonné. Il
serait difficile de citer une commune absolument privée de
communication avec le chef-lieu.

L'agriculture, dit M. Carnandet, a fait des progrès dans la
Haute-Marne où surtout depuis quelques années les esprits
se sont tournés vers ce premier des arts. Les terrains jadis
incultes sont mis en valeur, les marais sont rendus au do-
maine de l'agriculture, et les plantations se multiplient.

Les terres labourables consacrées principalement aux céréales, à la pomme de terre et depuis quelques années à la
betterave (en vue de l'alcool) donnent en moyenne :

Blé 849,200 hect., seigle 92,000 hect., méteil 45,700 hect., orge 148,600 hect., avoine 833,000 hect., pommes de terre 370,000 hect. Les produits excèdent des 2/5 environ les besoins de la consommation dans le département.

Les prairies généralement assez fertiles sont susceptibles de grandes améliorations. Leurs produits associés à une partie des pommes de terre récoltées servent à nourrir le bétail dont il va être question.

La Haute-Marne est le 52me de nos départements pour ses vignobles; aucune commune ne s'y livre exclusivement à la culture de la vigne. Le produit total de celle-ci est de 508,438 hect. de vin, et de 12,000 hect. d'eau-de-vie.

La culture de la navette, comme plante oléagineuse prend tous les ans de nouveaux développements, les arbres fruitiers ne sont pas cultivés en rase campagne. La truffe est commune dans les forêts du centre; on emploie pour la trouver des petits chiens dressés à cet usage.

Les animaux domestiques sont communs et d'un bon rapport. On compte 50,000 chevaux, 92,000 bœufs et vaches (les vaches laitières sont estimées), 250,000 moutons d'une petite espèce donnant de bonne laine et une bonne chair, 5,000 chèvres. Les porcs, au nombre de 46,000, ne suffisent pas à la consommation. Les volailles sont en nombre considérable.

Les principales industries du département sont : la ganterie, qui a son centre à Chaumont; la coutellerie, groupée à Nogent et à Langres, occupant environ 5,000 ouvriers; enfin, et surtout la métallurgie, à laquelle plus de 160 usines sont consacrées. Sa prédominance résulte de la double richesse du département en forêts dont il compte, ainsi qu'on l'a vu, 169,000 hectares, et en minerai de fer répandu soit en grains, soit en roche ou en demi-roche, mais surtout en grains avec une grande profusion et dans les conditions d'exploitation les plus avantageuses depuis le centre jusqu'à l'extrémité septentrionale du département. Aussi la Haute-Marne occupe-t-elle le premier rang parmi nos départements pour le minerai de fer.

Indépendamment de ces trois industries, auxquelles nous ne nous arrêterons pas davantage, l'objet de ce livre étant en partie de les étudier, on trouve dans la Haute-Marne d'importantes fabriques de limes, des fonderies de cloches, des fours à chaux et à plâtre, des tuileries et des briqueteries, des faïenceries, trois fabriques de carton, des distilleries et des brasseries, des ateliers de charonnage (principalement dans l'arrondissement de Langres), des scieries de bois, des blanchisseries de cire, des filatures de laine, de nombreuses tanneries, une grande quantités de moulins, etc.

Le département importe de la houille, des peaux, des bois de sapin, etc. Il exporte, outre les céréales et les vins, des bois, des pierres de taille, des moellons, des pierres à aiguiser, du plâtre, des fers, de la fonte, de la coutellerie, de la ganterie, des cuirs, des limes, de la taillanderie, etc.

SAINT-DIZIER

Chef-lieu du canton de ce nom, situé sur la Marne à l'endroit où cette rivière devient navigable, 6,366 habitants.

Cette ville doit son nom à un saint évêque de Langres, martyrisé vers la fin du IIIe siècle par les Vandales. Le premier seigneur de Saint-Dizier qui soit connu est un Hilderent de Dampierre. En 1228, une charte régla les droits et les devoirs réciproques du seigneur et de ses vassaux. La famille de Dampierre posséda Saint-Dizier jusqu'à la fin du XIVe siècle. En 1488, il fut réuni à la couronne. En 1560, le douaire de Marie Stuart fut établi sur la terre de Saint-Dizier, le duc d'Orléans en était possesseur au XVIIe siècle, et ses descendants l'ont conservé jusqu'en 1790.

Un siége et un incendie comptent parmi les plus dures épreuves de Saint-Dizier, et ce siége est un de ses titres de gloires. Il fut soutenu en 1544 contre l'armée de Charles-Quint par le comte de Sancerre admirablement secondé par les habitants à l'héroïque contenance desquels il dut la capitulation honorable qui lui permit de sortir de la ville ensei-

gnes déployées « au son du tambourin en mode de guerre. »
En l'honneur de cette mémorable défense, le Parlement de
Paris ordonna une procession solennelle « pour rendre grâce
à Dieu de la virile résistance des manants et habitants de
Saint-Dizier. » De là est venu ce glorieux sobriquet : « Bra-
gars de Saint-Dizier. » L'incendie eut lieu en 1775, il dévora
plus de 200 maisons; l'église Notre-Dame et tous les édifices
publics furent la proie du fléau.

Aujourd'hui Saint-Dizier est une jolie ville formée de rues
droites et bien percées, bordées de maisons bien bâties. Prin-
cipal marché de l'industrie métallurgique, renommé pour ses
fers, pour ses forges et pour l'exploitation des bois de construction à l'usage de la marine que produisent les belles forêts
qui l'avoisinent. C'est à l'extrémité du faubourg la None,
qu'est situé le port où se préparent les flottages considérables
qui descendent le cours de la Marne. Les fortifications de cette
cité ont disparu, il ne reste plus que des traces de son ancien
château, et sur l'emplacement, occupé autrefois par une des
tours les plus considérables, le Fort-Carré, on vient de con-
struire une école communale. Cette école élevée sur les ruines
d'un château-fort, symbolise très-bien le travail de transfor-
mation qui s'opère dans la société moderne, et si nous avions
besoin d'une transition pour arriver au pacifique et second
tournoi dont Saint-Dizier est en ce moment le théâtre, la transition est toute trouvée.

Documents officiels relatifs à l'Exposition

Ce sera inaugurer dignement notre compte-rendu que de
l'inaugurer par un acte de justice.

L'Exposition qui va nous occuper, organisée par la Société
d'Agriculture de la Haute-Marne, Société placée sous le patronage de LL. MM. l'Empereur et l'Impératrice, est l'œuvre des
trois administrateurs de cette Société :

MM. J. CARNANDET, bibliothécaire de la ville de Chaumont, rédacteur en chef de l'*Union de la Haute-Marne*, auteur de l'excellente *Géographie historique, industrielle et statistique du département de la Haute-Marne*, etc. (1).

C.-P.-Marie HAAS, membre de la Société impériale et centrale zoologique d'acclimatation, **auteur** de ce vaste résumé de statistique nationale qui a **pour titre** : *La France depuis les temps les plus reculés jusqu'à nos jours* (2).

C. GIRARDOT, chef de division à la préfecture de la Haute-Marne.

Avec des ressources plus que modestes, ils ont su mener à bien une entreprise dont le succès semblait exiger de puissants moyens d'action : la volonté et le patriotisme ont suppléé à l'argent. Grâce à ces bons citoyens, un saisissant exemple de ce que peut l'initiative individuelle s'ajoute à la série de ceux par lesquels, depuis un petit nombre d'années, le réveil de la vie provinciale se manifeste d'une façon si marquée. Hommage leur soit rendu !

« Il faut, comme disait Jeanne d'Arc, que ceux qui ont été à la peine soient conviés à l'honneur. »

C'est dans le n° de mars 1860 du *Bulletin de la Société d'Agriculture* de la Haute-Marne qu'a paru le réglement de l'Exposition. Ce réglement est ainsi conçu :

Réglement général

§ 1er. DISPOSITIONS GÉNÉRALES

ART. 1er. Une Exposition des produits de l'Industrie, de l'Agriculture et de l'Horticulture aura lieu à Saint-Dizier du 5 au 25 septembre 1860 (3).

---

(1) Un vol. in-18 de 648 pages avec une carte du département. Chaumont, Simonnot-Lansquenet, place de l'Hôtel-de-Ville.

(2) 4 vol. gr. in-8, formant ensemble 1812 pages. Paris, Paul Dupont.

(3) Cet article a depuis été modifié quant à l'époque de la clôture.

L'Exposition industrielle et agricole comprendra les départements de la Haute-Marne, de l'Aube, de la Marne, de la Meurthe, de la Meuse, des Vosges, de la Moselle, de la Haute-Saône, de la Côte-d'Or, des Ardennes, de l'Yonne et de la Seine.

L'Exposition horticole sera générale et s'étendra à toute la France et à l'étranger.

ART. 2. Une Commission générale est instituée pour l'organisation et la direction immédiate de l'Exposition.

Elle se compose de MM.

Le Maire de la ville de Saint-Dizier;

BECQUEY, maître de forges, membre du conseil municipal de Saint-Dizier, secrétaire de la chambre de commerce;

A. BOURDON, avocat, ancien maire, membre du conseil municipal de Saint-Dizier;

CASALTA, agent général d'assurances à Saint-Dizier;

A. CATEL, docteur en médecine, chirurgien de l'hospice de Saint-Dizier et des chemins de fer de l'Est;

DESCHAMPS, ancien receveur de la ville, receveur de l'hospice de Saint-Dizier;

DOE, maître de forges, membre du conseil général de la Haute-Marne, président du tribunal de commerce de Saint-Dizier, maire de Chamouilley;

P. DROUOT, ancien notaire, membre de la chambre consultative d'agriculture;

FISBACQ, architecte de la ville de Saint-Dizier;

GUILLAUME, ancien notaire, ancien maire, membre du conseil municipal de Saint-Dizier;

Jules GUYARD, maître de forges à Saint-Dizier;

HOUDARD, percepteur à Saint-Dizier;

JOUBERT-VARNIER, négociant à Saint-Dizier;

LESCUYER-GUILLAUME, propriétaire à Saint-Dizier;

Baron LESPÉRUT, ✸, député de la Haute-Marne, membre du conseil général, maire d'Eurville;

LOREZ, conducteur embrigadé des ponts-et-chaussées à Saint-Dizier;

Magnin, premier adjoint au maire, membre de la chambre de commerce, banquier à Saint-Dizier;

E. de Menisson, maître de forges, membre du conseil municipal de Saint-Dizier;

Alphonse Navet, propriétaire à Saint-Dizier;

Jules Robert, maître de forges, membre du conseil municipal de Saint-Dizier;

J. Rozet, maître de forges, membre du conseil général, président de la chambre de commerce de Saint-Dizier;

Louis Viry, propriétaire à Saint-Dizier.

Art. 3. Le bureau de la Commission générale se compose d'un président, de trois présidents de sections, d'un secrétaire général et des rapporteurs-secrétaires de sections.

M. le baron Lesperut, député de la Haute-Marne, est *Président d'honneur*;

M. le Maire de la ville de Saint-Dizier est *Président de droit*;

M. Bourdon est nommé *Secrétaire général*.

Art. 4. La Commission générale se divise en trois sections :
    1º Section de l'Industrie;
    2º Section de l'Agriculture;
    3º Section de l'Horticulture.

Chacune de ces sections se compose ainsi qu'il suit :

Section de l'Industrie.

MM. J. Rozet, membre du conseil général, président de la chambre de commerce, *Président*;

Doe, membre du conseil général, président du tribunal de commerce;

Becquey, maître de forges, secrétaire de la chambre de commerce;

Magnin, premier adjoint, membre de la chambre de commerce, banquier;

Jules Guyard, maître de forges;

Louis Viry, propriétaire;

Joubert-Varnier, négociant, *Secrétaire rapporteur*.

Section de l'Agriculture.

MM. P. Drouot, membre de la chambre consultative d'a-
    griculture, *Président ;*
    Guillaume, ancien maire, propriétaire ;
    Houdard, percepteur ;
    Lorez, conducteur des ponts-et-chaussées ;
    Casalta, agent général d'assurances ;
    Lescuyer-Guillaume, propriétaire, *Secrétaire - rap-
    porteur.*

Section de l'Horticulture.

MM. E. de Menisson, membre du conseil municipal de
    Saint-Dizier, *Président ;*
    Jules Robert, maître de forges, membre du conseil
    municipal ;
    A. Catel, docteur en médecine ;
    Deschamps, receveur de l'hospice ;
    Fisbacq, architecte de la ville ;
    Alphonse Navet, propriétaire, *Secrétaire-rapporteur.*

Art. 5. Dans le sein de la Commission générale sont choisis
neuf membres, trois par chaque section, pour former la
Commission d'exécution, qui sera de droit présidée par M. le
Maire de Saint-Dizier, et, à son défaut, par l'un des présidents de section.

Cette commission se compose de :

MM. Le Maire de Saint-Dizier, *Président ;*
    Bourdon, avocat, *Secrétaire ;*
    Casalta, agent général d'assurances ;
    Fisbacq, architecte ;
    Jules Guyard, maître de forges ;
    Joubert-Varnier, négociant ;
    Lescuyer-Guillaume, propriétaire ;
    Alphonse Navet, propriétaire ;
    Louis Viry, propriétaire.

Art. 6. Il pourra être établi des comités locaux ou des correspondants auxiliaires de la Commission générale dans les principales localités des départements appelés à concourir à cette Exposition.

ART. 7. Les exposants devront, avant le 1er août 1860, adresser au secrétariat général de l'Exposition, établi à la mairie de Saint-Dizier, une demande comme celle de la formule ci-annexée indiquant :

1° Les nom, prénoms (ou la raison sociale), profession, domicile ou résidence des requérants ;

2° La nature, le nombre ou la quantité, et la description sommaire des produits qu'ils désirent exposer, ainsi que les titres qui les rendent recommandables, tels que l'invention, le perfectionnement, la bonne exécution, la modicité des prix; décision.

3° L'espace qui leur sera nécessaire en hauteur, largeur et profondeur.

Sur l'avis des administrateurs de la Société d'Horticulture, le Comité d'exécution de la Haute-Marne statuera sur l'admission; le requérant sera immédiatement informé de cette décision.

§ 2. CLASSIFICATION DES PRODUITS.

ART. 8. Les produits admissibles à l'Exposition forment, d'après leur nature, trois divisions distinctes, savoir : les produits de l'industrie générale; les produits de l'agriculture; ceux de l'horticulture.

ART. 9. L'industrie générale se partage en dix sections :

1° Industrie des métaux ;

2° Arts chimiques ;

3° Substances alimentaires;

4° Mécanique;

5° Tissus et articles de vêtements;

6° Dessin appliqué à l'industrie, imprimerie, etc. ;

7° Industries diverses.

ART. 10. L'agriculture se divise en six sections :

1° Statistique, documents généraux et génie agricole;

2° Matériel agricole ;

3° Culture;

4° Viticulture;

5° Élevage des animaux utiles ;

6° Destruction des animaux nuisibles.

Art. 11. L'horticulture se divise en trois sections :

1° Légumes ;

2° Fleurs ;

3° Fruits.

Art. 12. L'Exposition aura lieu dans la vaste promenade du Jard, d'une contenance de cinq hectares. Des galeries couvertes seront établies pour recevoir les produits exposés.

§ 3. Admission et placement des produits.

Art. 13. Les produits dont l'envoi aura été autorisé seront adressés à M. le Maire de Saint-Dizier, *Président de la Commission de l'Exposition.*

Art. 14. Tout envoi devra être accompagné d'un avis d'expédition et portant la signature de l'expéditeur.

Art. 15. Le placement et l'arrangement des produits dans l'intérieur de l'Exposition, ainsi que l'ornementation de chaque Exposition partielle ne pourront être exécutés que conformément au plan général et sous la surveillance de l'architecte et de la Commission d'exécution.

Art. 16. Les planchers, clôtures, barrières ou divisions entre les différentes sortes de produits seront fournies gratuitement. Les arrangements ou aménagements particuliers, tels que vitrines, draperies, ornements, restent à la charge des exposants.

Art. 17. Les produits exposés peuvent être vendus et livrés pendant le cours de l'Exposition, sous condition expresse de remplacement et de l'aveu de la Commission d'exécution.

Art. 18. Les exposants sont invités à indiquer le prix exact de leurs produits, après en avoir fait la déclaration au secrétariat, qui en constatera la sincérité. En cas de vente, la livraison peut-être exigée au prix marqué. Le refus de l'exposant entraîne son exclusion.

Art. 19. Des démarches seront faites auprès de la compagnie des chemins de fer de l'Est pour obtenir le transport (aller et retour) à prix réduits des objets destinés à l'Exposition.

§ 4. ORGANISATION INTÉRIEURE ET POLICE DE L'EXPOSITION.

Art. 20. L'organisation intérieure et la police de l'Exposition sont placées sous l'autorité de la Commission d'exécution, qui s'entendra à cet effet avec l'Administration municipale, pour choisir des agents chargés de veiller à l'ordre et à la sécurité de l'Exposition.

§ 5. JURYS ET RÉCOMPENSES.

Art. 21. L'appréciation et le jugement des produits exposés seront confiés à un jury qui se divisera en trois sections correspondantes aux trois divisions indiquées. Les membres seront choisis parmi les notabilités industrielles, agricoles et horticoles.

Art. 22. Les récompenses à décerner aux exposants seront divisées en six classes :

1° Médailles d'or;
2° Médailles de Vermeil;
3° Médailles d'argent de 1re classe;
4° Médailles d'argent de 2me classe;
5° Médailles de bronze;
6° Mentions honorables.

Art. 23. Le bureau et les administrateurs de la Société d'Horticulture ont fixé, ainsi qu'il suit, pour chacun des concours, le nombre des récompenses à décerner.

Division de l'Industrie

Quatre médailles d'Or. — Quatre médailles de vermeil. — Trente médailles d'argent. — Soixante médailles de bronze.

§ 1. INDUSTRIE DES MÉTAUX.

1er Concours : Fonte, ornement.

2e   —   Mécanique, grosses pièces en fonte, fontes diverses.

3ᵉ Concours : Appareils de chauffage, poteries, fontes creuses diverses.

4ᵉ — Fers laminés de tous échantillons.

5ᵉ — Fers battus, grosses pièces, essieux.

6ᵉ — Taillanderie, ferronnerie, lits, meubles en fer, serrures, treillages.

7ᵉ — Fils de fer, pointes, chaînes, boulons.

8ᵉ — Coutellerie.

§ 2. ARTS CHIMIQUES.

9ᵉ Concours : Produits chimiques.

10ᵉ — Cuirs et peaux, tannerie, corroierie.

11ᵉ — Poterie commune, céramique, faïence et porcelaine, tuiles.

12ᵉ — Corps gras (savons, chandelles, cierges).

13ᵉ — Verrerie, bouteilles, etc.

§ 3. SUBSTANCES ALIMENTAIRES.

14ᵉ Concours : Farines, fécules, sucre.

15ᵉ — Boissons fermentées.

16ᵉ — Conserves et condiments.

17ᵉ — Confiserie, liqueurs, chocolats, café, etc.

§ 4. MÉCANIQUE.

18ᵉ Concours : Appareils de mesurage et de pesage employés dans l'industrie.

19ᵉ — Machines hydrauliques et ventilateurs.

20ᵉ — Machines diverses (machines-outils, horlogerie).

§ 5. TISSUS ET ARTICLES DE VÊTEMENTS.

21ᵉ Concours : Matières premières, tissus de laine et de coton.

22ᵉ — Gants.

23ᵉ — Corderie, fil, ficelles, cordes, filets.

§ 6. DESSIN APPLIQUÉ A L'INDUSTRIE, IMPRIMERIE.

24e Concours : Écriture, dessin, peinture.
25e   —   Autographie, gravure, lithographie, impri-
                merie.
26e   —   Photographie, librairie, reliure.

§ 7. INDUSTRIES DIVERSES.

27e Concours : Vannerie.
28e   —   Plâtre et grès, ciment.
29e   —   Batellerie.
30e   —   Sciage, ébénisterie, etc.

§ 8. OUVRIERS ET CHEFS D'ATELIERS.

31e Concours : Les meilleurs et plus anciens ouvriers de
                chaque corps d'état (forges, ganteries, fa-
                briques de tissus).

Division de l'Agriculture

Deux médailles d'or. — Deux médailles de vermeil. — Douze médailles d'argent. — Vingt-quatre médailles de bronze.

§ 1. AGRICULTURE.

1er Concours : Statistique, documents généraux, génie
                agricole.
2e   —   Matériel agricole.
3e   —   Culture (céréales, orge, blé, avoine, etc.).
4e   —   Élevage des animaux utiles.
5e   —   Destruction des animaux nuisibles.
6e   —   Art vétérinaire.

§ 2. VITICULTURE.

7e Concours : Vins rouges.
8e   —   Vins blancs.
9e   —   Vins mousseux.
10e   —   Pressoirs.

§ 3. RÉCOMPENSES AUX GARÇONS ET FILLES DE FERMES.

11e Concours : Le meilleur et le plus ancien des garçons de ferme.

12e   —   La meilleure fille de basse-cour.

Division de l'Horticulture

Trois médailles d'or. — Trois médailles de vermeil. — Trente-trois médailles d'argent. — Soixante-six médailles de bronze.

§ 1. LÉGUMES.

1er Concours : Lot le plus complet de légumes (2 fruits de chaque variété).

2e   —   Courges et melons (2 fruits de chaque variété).

3e   —   Oignons, carottes, betteraves.

4e   —   Pommes de terre.

5e   —   Champignons en meules portatives.

§ 2. FRUITS.

6e Concours : Collection de fruits.

7e   —   Collection de poires.

8e   —   Collection de pommes.

9e   —   Collection de pêches.

10e   —   Collection de raisins.

11e   —   Collection de fruits autres que poires, pommes, pêches, raisins.

12e   —   Collection de fruits des pays chauds (oranges, citrons, dattes).

13e   —   Ananas.

14e   —   Arbres fruitiers formés, avec ou sans fruits, en pots, caisses (10 modèles au moins).

§ 3. FLEURS.

15e Concours : Plantes de serre chaude fleuries (40 espèces de variétés).

16e   —   Plantes de serre tempérée (40).

17e   —   Plantes en plein air fleuries (40).

18ᵉ Concours : Plantes grasses (40).
19ᵉ   —   Conifères et arbres verts (40).
20ᵉ   —   Fuschsias en pots (30).
21ᵉ   —   Verveines fleuries (50).
22ᵉ   —   Pelargoniums fleuris (20 variétés).
23ᵉ   —   Reine-marguerites (20).
24ᵉ   —   Phlox.
25ᵉ   —   Roses coupées.
26ᵉ   —   Dalhias coupés.
27ᵉ   —   Fougères.

§ 4. INSTITUTEURS ET JARDINIERS.

28ᵉ Concours : Instituteur qui aura fait faire le plus de progrès à l'horticulture.
29ᵉ   —   Instituteur qui aura donné des leçons d'agriculture et d'horticulture.
30ᵉ   —   Jardinier le plus ancien dans la même maison.
31ᵉ   —   Jardinier dont le jardin est le mieux tenu.
32ᵉ   —   Particulier qui aura fait des plantations.
33ᵉ   —   Commune qui aura fait des plantations.

ART. 24. Pour les récompenses qui seront accordées aux chefs d'ateliers, contre-maîtres, ouvriers ayant travaillé pour les exposants dont les produits auraient été récompensés, les exposants adresseront aux administrateurs les pièces nécessaires pour établir les titres des candidats à cette distinction.

§ 5. FÊTES.

ART. 25. Le programme des fêtes qui seront données à l'occasion de l'Exposition sera ultérieurement publié.

Le Président de la Société d'Horticulture,
Maire de Chaumont,
GODINET.

Les Administrateurs de la Société
d'Horticulture,
J. CARNANDET, C. GIRARDOT, C.-P.-Marie HAAS.

Le numéro de juillet du même bulletin contient les règlements d'un concours d'orphéons et d'un concours de musiques d'harmonie et fanfares ouverts à Saint-Dizier à l'occasion de l'Exposition. Ces réglements sont signés du directeur des concours M. E. DALAPORTE.

Un appel publié aux approches de l'Exposition achèvera de compléter la série des documents officiels dont elle a été l'occasion. Nous en donnons les passages essentiels :

Les locaux de l'Exposition occupent une superficie de *cinq hectares*, ou *cinquante mille mètres carrés*, pris dans un parc situé au milieu de la ville et entouré par des canaux et la Marne navigable.

Toutes les usines métallurgiques de la région de l'Est se sont donné rendez-vous à cette solennité, d'autant plus importante aujourd'hui qu'il s'agit de prouver à la France et à l'étranger la valeur et la puissance de l'industrie de nos contrées.

Vingt-sept grandes usines de la Haute-Marne sur *trente-deux, huit grandes fonderies et forges* de la Meuse, etc., non compris les *hauts-fourneaux*, y amèneront leurs richesses, et tous les objets d'art, en fonte moulée, qui émerveillent le monde.

Un étalage sans précédents prouvera, mieux que toutes les théories, toutes les abstractions, ce que vaut et ce que peut devenir une des branches les plus puissantes de l'industrie nationale, qui se relie si étroitement avec l'agriculture et le sol forestier.

Les plus grands intérêts viendront donc se débattre sur ce terrain pacifique, en présence des hommes les plus graves, des plus sérieux économistes et des véritables amis de l'Industrie, de l'Agriculture et des Arts.

Un parc splendide, un grand concours d'une cinquantaine de sociétés orphéoniques, des concerts, des fêtes vénitiennes, des régates, des bals, etc., etc., viendront rehausser l'éclat de cette imposante manifestation et y ajouter un charme incomparable.

Les Organisateurs-administrateurs de cette fête ont tenu toutes leurs promesses, et leurs prévisions ont été considérablement dépassées. Aujourd'hui ils convient les populations de la Haute-Marne, de la région de l'Est, de la France, de

l'Angleterre, de la Belgique et de l'Allemagne, toute la presse
scientifique et économique, à venir jouir d'un grand et noble
spectacle.

La ville ne saurait demeurer au-dessous de ses devoirs et de
l'honneur qui lui est réservé; chaque étranger trouvera donc,
parmi une population laborieuse et aussi intelligente qu'industrielle, et dans les locaux mêmes de l'Exposition, l'accueil
le plus cordial, le plus empressé et le plus sympathique.

A tous les amis sincères des luttes pacifiques, du véritable
progrès social, à favoriser l'Exposition de Saint-Dizier et à répondre à l'appel qui leur est adressé aujourd'hui!

A tous les sérieux économiste à seconder de nobles efforts
et à montrer au monde que, sur les champs du travail comme
sur les champs de la gloire, même en province, la France est
toujours la grande patrie quand un pouvoir respectable et
fort préside à ses destinées!»

Le Maire de la ville de Saint-Dizier,
Président de la Commission de l'Exposition,
E. MAHUET.

Les Organisateurs Administrateurs
de l'Exposition,

C.-P.-Marie MAAS, J. CARNANDET, C. GIRARDOT.

INAUGURATION DE L'EXPOSITION

L'Exposition a été inaugurée le 5 septembre avec une imposante solennité.

A 9 heures du matin, le cortége municipal avec la compagnie de pompiers et un détachement du 53ᵉ de ligne, musique
en tête, s'est présenté devant l'église Notre-Dame pour faire
escorte d'honneur à Mᵍʳ l'évêque de Langres accompagné de
ses deux grands vicaires MM. Barillot et Vouriot et au clergé
de la ville, jusqu'au lieu même de l'Exposition, où devait se
célébrer l'office divin.

On remarquait dans le cortége, M. le baron Lespérut, membre du Corps législatif; M. Doé, président du tribunal de commerce de Saint-Dizier; M. E. Mahuet, maire de Saint-Dizier
et ses adjoints; M. Rozet, président de la chambre de commerce et M. Godinet, maire de Chaumont, président de la Société d'Horticulture de la Haute-Marne.

A 10 heures précises, le cortége arrivait à la partie principale de l'Exposition, où l'attendaient MM. les administrateurs
et membres de la Commission.

Mgr l'évêque de Langres, à la tête de son clergé, se rendit au pied de l'autel dominé par une statue colossale sortie des belles usines de Sommevoire et représentant la Vierge immaculée.

Le soleil, qui jusqu'alors s'était tenu caché, se montra tout-à-coup dans le brillant éclat de sa divine splendeur; il venait prendre part à cette auguste cérémonie. Le front de la Vierge était radieux.

Bientôt les têtes s'inclinèrent, les tambours battirent aux champs et le pontife gravit les degrés de l'autel.

Alors, et au milieu d'un silence religieux, le digne prélat adressa au public, sur la solennité du jour, un discours aussi remarquable par l'élévation des pensées que par la richesse des expressions.

Oh! trop heureux l'auditeur que la Providence aurait gratifié du don de la mémoire; mieux partagé que nous, il pourrait reproduire ici ce discours, qui a laissé de si vives impressions dans l'esprit de l'auditoire.

Le discours prononcé, l'évêque célébra l'office divin. Le *Gloria in excelsis*, le *Sanctus*, l'*Agnus Dei*, l'hymne *O Salutaris Hostia*, furent chantés au milieu d'un profond recueillement par la société philharmonique de la ville.

Toutes ces voix si belles, quelques-unes si pures, ces accords harmonieux, par un temps superbe, en plein air, au milieu de la verdure, s'élevant ensemble et harmonieusement vers le ciel, semblaient en redescendre, ramenant avec eux les bénédictions qu'ils allaient y chercher.

De l'homme au Créateur, que cette cérémonie était empreinte de grandeur et de majesté.

Après la messe, le prélat à son tour appela sur l'industrie, sur l'agriculture et ses diverses branches les bénédictions du Tout-Puissant. Puisse sa prière être entendue!

La bénédiction donnée, le cortége parcourut les différents points de l'Exposition et reconduisit Mgr Guérin et son clergé à l'église Notre-Dame.

Cette solennelle inauguration laissera de profonds et religieux souvenirs au sein de notre population.

Le Secrétaire général de l'Exposition,

A. BOURDON.

COMPTE-RENDU DE L'EXPOSITION

COUP-D'OEIL GÉNÉRAL

I.

Le 10 septembre, *le Siècle* publiait l'extrait suivant d'une lettre que venait de nous adresser l'un des administrateurs de l'Exposition.

« Est-il, nous écrivait M. Haas, un spectacle plus pittoresque que celui d'un pays de hauts-fourneaux, de fonderies et de forges au milieu d'une profonde nuit? Quoi de plus saisissant que de voir autour de ces fournaises, à l'entrée de ces cavernes flamboyantes, et sur les bords de ces lacs embrasés, des centaines d'hommes, semblables à des fantômes infernaux, tenailler le fer en feu, le dévider en écheveaux incandescents, ou le laisser échapper en flots étincelants et en filets d'or qui vont former ces vasques, ces statues, ces candélabres, ces vases qui font l'ornement de nos places publiques? Le mugissement de l'onde, le sifflement de la vapeur, la tempête des souffleries, le grincement des rouages, le grondement des cylindres, le retentissement des lourds marteaux, digne accompagnement de ces scènes vulcaniennes; le ciel noir percé par les lueurs étoilées des usines, tout cela n'offre-t-il pas des distractions plus neuves et plus émouvantes que celles qu'aux jours de villégiature les Parisiens vont chercher aux environs de la capitale, ou même en Suisse et sur les bords du Rhin?

» C'est à ce spectacle que la ville de Saint-Dizier convie ceux qui viendront visiter l'Exposition industrielle, agricole et horticole qu'elle ouvre en ce moment. Saint-Dizier est le centre et le marché le plus important de la métallurgie française;

3

elle possède à elle seule six grandes usines à fer, situées en amont et en aval du parc splendide où se tient l'Exposition. Ce parc est entouré par des canaux et par la Marne navigable; on peut y organiser tous les jours des régates. Le pays est riche, fertile, plantureux ; tout y abonde : les charmes champêtres ne manquent pas plus que les séductions industrielles; nulle part on ne saurait respirer plus librement. Ne serait-ce que pour rompre la monotomie des courses habituelles à Versailles ou au lac de Brientz, les touristes en quête d'émotions doivent, aussi bien que les industriels et les hommes d'étude, affluer à Saint-Dizier.

« Pourquoi, par exemple, les amateurs de musique ne viendraient-ils pas, le dimanche 16 septembre, jouir du grand festival des sociétés orphéoniques, dans lequel deux ou trois mille chanteurs se feront entendre? Nous ne doutons pas que la Compagnie des chemins de fer de l'Est ne se prête dans ce but à quelque heureuse combinaison. On organise des trains de plaisir pour amener la province à Paris, on ne refusera pas d'en organiser pour amener Paris en province ; tout au moins eréera-t-on des trains supplémentaires ou complémentaires à prix très-réduits.

» S'il faut que la vie arrive au cœur, ne faut-il pas aussi qu'elle rayonne à la circonférence? Le parisien et la parisienne n'ont-ils pas comme les provinciaux d'autres merveilles à voir que celles qui leur fatiguent la vue tous les jours? Combien de gens blasés, foulant l'asphalte et succombant à l'ennui, pourraient, au moyen d'une course rapide, se procurer le spectacle saisissant de la puissance industrielle dont ils n'ont aucune idée, et faire ainsi provision des plus agréables souvenirs ! »

Cette lettre, ajoutions-nous, présente l'Exposition de la Haute-Marne sous un jour à la fois trop véridique et trop favorable pour que beaucoup de nos lecteurs ne soient désireux de la visiter. Nous leur donnons rendez-vous à Saint-Dizier pour le 16 de ce mois.

II.

Exact au rendez-vous donné, je montais en wagon le samedi 15, à neuf heures du soir. Parti et revenu de nuit, ce qui est rationnel, puisque le chemin de fer supprime les distances, je n'ai pas d'impressions de voyage à raconter. Plus conséquent encore avec le présent mode de transport, un de mes compagnons de route, dont j'ai envié la logique, profondément endormi dès l'embarcadère, ne s'est réveillé qu'en arrivant. Ce puissant dormeur n'était autre que le célèbre orphéoniste M. Delaporte, avec qui j'eus le plaisir, quelques heures plus tard d'entrer en relations. Suivi de pleins wagons d'instrumentistes qui n'ont pas dormi en route, j'en atteste les voyageurs du train 35, il allait à Saint-Dizier présider les concours ouverts entre les sociétés chorales, les musiques d'harmonie, et les fanfares de la Haute-Marne et lieux circonvoisins, à l'occasion de l'Exposition.

Nous arrivons à l'aube. L'heure étant trop matinale pour user de l'hospitalité qui m'avait été offerte, je me fais conduire à l'hôtel de la Noue, dont j'avais pris note. J'avise une respectable vieille et lui demande une chambre. A cette requête, les bras de la bonne femme tombent le long de son corps, ses yeux s'arrondissent, sa bouche s'entr'ouvre; mutisme prolongé : tous les signes de l'ébahissement :

— Une chambre, bon Dieu! Monsieur veut dire un lit.

— Une chambre avec un lit, c'est cela même.

— Monsieur n'y pense pas; tout ce que nous pouvons lui offrir, c'est un lit dans une chambre où il y en a beaucoup d'autres.

Et sur le geste d'horreur que cette proposition m'arrache : « Tout Saint-Dizier est plein, reprend-elle, et vous ne retrouverez nulle part ce que vous refusez ici. »

Elle disait vrai, mais j'étais sans inquiétude sur l'avenir; une couple d'heures à tuer, et cet avenir devenait le présent. J'allume un cigare, et me voilà courant par la ville.

III.

Ce serait le moment de la décrire : topographie, histoire, archéologie, statistique, etc... Pour acquérir une réputation d'érudit, je n'aurais qu'à piller la *Géographie de la Haute-Marne* par M. Carnandet; mais je n'y prétends point et d'ailleurs voyez page 17.

Saint-Dizier a des rues très-larges, bien percées, bordées de maisons d'une hauteur presque uniforme, peu élevées, bien bâties; elle doit ces avantages à ce siége fameux et à cet incendie terrible qui, l'ayant à peu près détruit lui ont donné l'occasion de se reconstruire sur un plan plus moderne, plus rationnel par conséquent et plus conforme aux lois de l'hygiène. Mais ne sommes-nous pas dans un de nos principaux centres métallurgiques? Oui certes, et dont « les prix font autorité sur les marchés des fontes et des fers en France, » ainsi qu'un haut-marnais me le faisait observer avec un légitime orgueil. Je m'attendais donc à une ville couleur de suie. Loin de là ! son pavé (ces retardataires n'en sont pas encore au macadam), ses maisons, tout est d'une grande propreté, et même les rares spécimens de vieille architecture champenoise qu'on y voit encore, et qu'on dirait importés de Troyes qu'ils rappellent, satisfont l'œil par le blanc badigeon de leurs façades peintes à neuf. Saint-Dizier s'était-il mis en frais de toilette pour recevoir cette marée de visiteurs que l'Exposition attire dans ses murs? (Notons cependant qu'il n'y a pas de murs.) C'est possible, on s'y entend si bien à l'hospitalité ! Ainsi, j'ai joui d'une hospitalité de seconde main, celui de qui je la recevais la tenant lui-même d'un honorable maître-de-forges du voisinage, qui, tout exprès pour l'exercer, avait fait approprier un pied-à-terre; c'est mettre en exercice le vulgaire dicton : « les amis de nos amis, etc. » Tout Saint-Dizier le pratique en ce moment, et, pour achever de peindre cette aimable ville : la grâce et l'affabilité conservent au titre de dame de *Saint-Dizier* l'éclat que Marie Stuart qui s'en parait lui a donné en le portant.

Ce chef-lieu de canton a une promenade que de grandes
villes lui envieraient. Naturellement, elle s'appelle le Jard.
(D'autres se lanceraient ici dans une digression étymologique.)
C'est un beau parc de cinq hectares, presqu'île formée par la
Marne, plantée d'arbres séculaires, sillonnée de longues allées
larges et sinueuses, tapissée de gazons épais. C'est dans ce parc
que se tient l'Exposition, et nous voici au terme de notre
voyage.

IV.

En principe, l'Exposition a été ouverte le 5 septembre, et
même son inauguration a eu lieu (V. page 31) dans des circonstances qui ne sont pas habituelles. D'abord une messe solennelle, Mgr de Langres officiant, a été dite dans le parc, en
plein air, devant un autel surmonté d'une grande et belle
statue de la Vierge sortant des fonderies de Sommevoire, digne
émule du Val-d'Osne. Ensuite, a part une courte allocution du
prélat, aucun discours n'a été prononcé, soit que la modestie
de ceux qui eussent eu le droit de prendre la parole les ait
dissuadés d'entrer en lutte d'éloquence avec les faits, soit que
le sentiment de leur valeur les ait portés à décliner le rôle in-
grat de ces artistes qui, devant le public des premières repré-
sentations, jouent le petit acte toujours sacrifié qui précède la
pièce inédite. Mais l'Exposition ouverte avec une exactitude
mathématique, à l'heure dès longtemps fixée, il a fallu une
grande semaine pour achever de recevoir, de classer et de
disposer les envois des retardataires, catégorie toujours nombreuse. Née le 5, elle n'avait acquis que le 16 toute sa crois-
sance. On savait que la première journée ne pouvait être considérée que comme une pâle répétition de celle qui se préparait.
De là, en ce fameux dimanche 16 septembre, chaque convoi qui
arrive vomissant une foule, et sur toutes les routes des files de
piétons qui se hâtent et de véhicules dont les essieux grincent
sous le poids de leur chargement humain; des artistes en
renom appelés de la *capitale;* les sociétés chorales et les fan-

fares accourues de Chaumont, de Reims, de Nancy et autres
lieux formant leurs rangs à la descente de wagon, et, bannières
au vent, d'un pas cadencé, faisant leur entrée dans la ville;
les rues et les places encombrées, les hôtels envahis, les cafés
refusant les consommateurs; autour des marchands forains,
des théâtres ambulants, de la ménagerie toulousaine, irré-
sistibles centres d'attraction, de compactes rassemblements;
cent mille francs peut-être jetés en un jour dans le commerce;
les autorités affairées ; les ordonnateurs effarés; l'étonnement,
l'enthousiasme, l'orgueil patriotique satisfait, un délire! un
chef-lieu de canton qui se sent vivre, une petite ville qui se tâte
et ne se reconnaît plus : « Voisine, avez-vous jamais vu pareille fête? — Voisin, est-ce bien à Saint-Dizier que nous
sommes? » et le soir, au parc, en pleine Exposition, illumina-
tions en verres de couleur et lanternes vénitiennes : fruits de
lumière au plus épais des feuillages sombres, firmament
d'étoiles colorées réfléchi par les eaux de la Marne; feux du
Bengale, concerts à haute pression, chœurs dont le cœur se
mêle; fusées, pétards, et fanfares, bombes, pluies de feu, et
jusqu'à un incendie de matières incombustibles, manqué,
réussi par conséquent dans une expérience en grand conduite
par M. Demangeot le représentant de M. Carteron. Quoi encore? une foule charmante, des toilettes d'un goût exquis, et
de temps à autre dans l'ombre des bosquets, tout près de vous,
et pendant trop peu de temps, l'aimable surprise de jeunes vi-
sages subitement éclairés par la lueur étrange des feux co-
lorés; poétiques apparitions! enfin, des émotions à défrayer
toute une année condensées en cinq minutes de temps; les
yeux de la ville tout grands ouverts à dix heures passées, et,
finalement dans la caisse de l'Exposition, je ne sais plus qu'elle
énorme recette, quelque chose d'inespéré, d'inouï, de mon-
strueux.

V.

Et le ciel en soit loué! le ciel, qui s'était mis de la fête. Détestable depuis huit jours, le temps était à point nommé devenu splendide. Honneur au succès! cette fois il a montré du cœur et de l'intelligence. Car, quand j'ai dit précédemment que l'Exposition est due à l'initiative privée, je n'ai pas tout dit.

Oui, trois jeunes hommes, étrangers à Saint-Dizier par la naissance, mais lui appartenant, comme à toute la Haute-Marne, par les services rendus, après avoir conçu la pensée première de l'Exposition, l'ont ensemble mise à exécution. L'Exposition est leur œuvre, la dernière en date de ces œuvres de bien public auxquelles ils ont pris de longue main l'habitude de se consacrer, s'adonnant surtout à celles qui, étant en dépit des apparences à la portée de citoyens actifs, courageux, entreprenants, sont de nature à réveiller par leur succès inespéré le sentiment obscurci de la puissance et de la responsabilité individuelle. Ils ont entrepris de propager autour d'eux et par le procédé efficace de la pratique et de l'exemple la science qui nous manque le plus, celle de l'initiative; ils enseignent chacun à compter sur soi-même, à payer de sa personne, à ne pas pétitionner quand il peut agir, à ne pas attendre de la puissance publique ce dont la puissance privée est capable. Ils font la meilleure chose que des citoyens français puissent faire.

Les Expositions provinciales, grâce auxquelles, à un moment donné, une ville effacée devenue centre d'attraction, foyer de lumière, attire les regards de la France, apprend à se connaître, s'essaye à la plénitude de la vie sociale, s'aperçoit que celle-ci est possible ailleurs qu'à Paris; sont une des œuvres par lesquelles se manifestent de la manière la moins contestable, et qui facilitent davantage cette éclosion de l'initiative privée, cet épanouissement de l'existence locale, qui finiront par consommer la décentralisation du mouvement et de la vie. C'est pourquoi : force d'inertie immense à vaincre, hostilités secrètes ou déclarées à combattre, correspondances, négociations, sacrifice de temps et d'argent, anxiétés, fatigues : nos trois apôtres ont tout accepté. Ils ont fait davantage : ils ont assumé sur eux la responsabilité pécuniaire de l'entreprise, ils se sont livrés à cette étrange spéculation : les profits, si l'Exposition en donne, appartiendront à l'œuvre; les pertes, s'il y en a, ils les supporteront ! Aussi le lecteur se réjouira-t-il de cette journée du 16, qui paraît avoir mis hors de question le succès financier de l'entreprise. Nous avons vu au travail un de ces hommes dévoués : enthousiaste et réfléchi, ardent à entreprendre, persévérant à conduire, toujours au premier rang pendant la lutte, s'effaçant après le succès. D'ailleurs égal désintéressement, même amour du bien public chez ces trois amis, qui, unis par la communauté des hautes idées et des sentiments généreux, se complètent par la diversité même de leurs caractères et de leurs aptitudes.

VI

L'Exposition est fort belle. Les galeries de plus de 600 mètres de parcours, élevées sous la direction d'un architecte plein de goût et d'activité, M. Fisbacq, qui apporte à son rôle d'ordonnateur des fêtes autant de dévouement que de compétence, ne suffisent pas à contenir les objets exposés; ils débordent le long des avenues, dans tous les carrefours, sur les gazons, par tout le parc, à l'ornementation duquel ils contribuent de la manière la plus heureuse.

Une foule de meubles rustiques, des bancs, des chaises, des tables, des fauteuils de formes variées, presque toutes agréables à l'œil, et la plupart d'une grande commodité, entr'autres un banc gondole qui vaut presque un canapé, vous procurent un comfort nouveau dans les jardins. Que nous voilà loin du banc classique, planche verte, clouée sur quatre pieds droits, et de l'odieuse chaise de bois blanc mal dégrossie et recouverte d'une paille grossière. Trois ou quatre fonderies de la Haute-Marne ont apporté ces siéges hospitaliers. Quelques-uns, parmi les plus élégants, sont en fer creux et sortent de l'usine de MM. Joubert, Guillomot, Guérin et Compagnie, de Saint-Dizier, rivale heureuse de l'usine Tronchon. De ces commodes observatoires, l'œil s'arrête charmé sur une immense collection de fontes moulées, également remarquables comme œuvres d'art et comme œuvres d'industrie, par la beauté des modèles et par la difficulté magistralement vaincue qu'offrait leur exécution. Naguère réservée aux plus grossiers usages, la fonte partage aujourd'hui avec le bronze le privilége de revêtir la forme sacrée des déesses; c'est le bronze du peuple réservé à un immense avenir. Nous avons ici des vases, des candélabres, une très-charmante fontaine en débordante activité de service, deux chiens de toute beauté, les plus gracieuses célébrités du demi-monde de l'olympe grec, une statue d'égyptienne d'une grâce et d'une dignité souveraines, et qui a son amoureux : « Maintenant je comprends Pygmalion! » s'écriait-il; une vierge plus admirable encore, un Christ, sur une croix gigantesque, en fonte; le Val-d'Osne, Sommevoire, Moutierssur-Saulx, Brousseval, ont fourni ces œuvres d'art dignes d'une résidence souveraine, et, par là même à leur place, dans ce parc devenu royal par le séjour momentané de l'industrie.

Nous rencontrons cette majesté à chaque pas fait dans le jardin, ici sous la forme de ces kiosques, de ces pavillons et de ces châlets suisses, envoyés de La Villette par MM. Ruchet et Compagnie, là sous les sévères espèces de cette locomobile de cinq chevaux et de cette machine fixe de dix chevaux construites par Antige, de Grenelle; de cette locomotive de sept chevaux de Frey fils, de Belleville, et de deux locomotives, l'une à foyer rond, l'autre à foyer carré de Ch. Monnier, de Metz. Une belle et puissante scie locomobile, à plusieurs lames verticales, débitant du bois de quarante centimètres carrés comme le fil d'archal de la fruitière débite une motte de beurre, une scie circulaire d'une activité dévorante, de bruyantes batteuses, faisant autant de besogne que de bruit; les moulins à plâtre avec ramasseur mécanique de M. Jannot; une machine à mégisser, des pompes de divers systèmes en fonte, en cuivre, en plomb; une pompe pour comprimer l'air, des souffleries, des broyeurs pour ciment et pour mortier, sont en mouvement continuel, les unes mues par la vapeur, d'autres par les chevaux, d'autres par la force humaine. Parmi ces dernières, est un effrayant assemblage de charpentes, de cylindres, d'engrenages, de volants, de câbles et de poids énormes, qui résoud la question du mouvement perpétuel, au dire de l'inventeur qui remontera avec une grande complaisance cette espèce de machine de Marly, chaque fois que vous le prierez de la faire marcher. — Une belle cloche du poids de 2,050 kilogrammes, fondue par ces habiles fondeurs MM. GOUSSEL frères, de Metz, qui a sonné la messe inaugurale de l'Exposition, a l'avantage de se mouvoir avec une facilité... déplorable, vu l'abus que les visiteurs en font. — Un bâtis de scie mécanique en fonte, pour la marine, destiné au Pérou, et sortant des forges de Dammarie, pèse 1,497 kilogrammes. — Un système de chemin de fer portatif pour brouettes, méritera à M. GUYOT, de Fargniers, les bénédictions des ouvriers mineurs auxquels il l'a destiné ; figurez-vous une longue tringle de fer, munie à ses extrémités de griffes par lesquelles elle prend racine dans le sol, et sur laquelle roule la roue à gorge de la brouette. — Voici une horloge solaire très-ingénieuse inventée et construite par M. FOUCAULT, horloger, à Saint-Dizier, et aussi simple qu'ingénieuse, mais cependant moins simple que moi puisque je n'en trouvais pas le secret qu'un honorable brigadier de gendarmerie, passant par là, m'a spontanément révélé; c'est pour l'aspect un cadran ordinaire de pendule avec ses aiguilles et son verre protecteur; seulement, au dehors, il y a une mire tournant sur un pivot vertical ; si on dirige cette mire sur le soleil, les aiguilles marquent l'heure

Nous avons aussi une partie du matériel agricole, y compris quelques-unes de ces machines qui élèveront l'agriculture en dignité, en puissance, au niveau de l'industrie manufacturière : Charrues de systèmes divers, houes, semoirs et râteaux à cheval, moissonneuses, coupe-racines, coupe-foin, hache-paille, râpes à betteraves, moulins concasseurs, tarares, barattes, pompes à purin, brouettes et charriots, presses hydrauliques pour huileries, pressoirs; entr'autres celui de l'habile constructeur M. DICKHOFF, auquel un critique ne trouvait que ceci à reprendre : « C'est trop simple, » disait-il, « et trop bon marché, » ajoutai-je. Parmi ces outils est un traceur-butteur inventé par un libraire de Saint-Dizier, M. G. DES-PORTES, auquel le comice de Vitry-le-Français a récemment décerné une médaille.

Contemplez maintenant ces amas de combustibles et de matières premières, une partie en a été tirée du sol généreux de la Haute-Marne; gypse, minerais de fer en roche et en grains, minerai manganifère de la concession Liverdun (Meurthe), propre à la fabrication de l'acier; marbre blanc pour castine, cailloux blancs pour briques réfractaires, moëllons de constructions en roches oolithiques, dites *balins*. Il y a un bloc de calcaire cubant 5 mètres 92 centimètres, et du poids de 11,924 kilogrammes fourni par les carrières de Brauvilliers (Meuse), un autre bloc qui ne le cède pas au précédent, a été tiré d'une carrière récemment découverte à Sommeville (Haute-Marne). Houilles belges et houilles de Prusse, houilles du Nord et houilles de Blanzy; houilles grasses, houilles demi-grasses et houilles maigres; houilles pour le chauffage domestique et houilles pour le chauffage des machines, houilles pour les fours à puddler et à réchauffer, houille en poussier pour moulage; coke lavé pour fonderies et coke lavé et léger pour hauts-fourneaux, superbe coke de Duttweiler : le tout disposé ici en pyramide, là en portique, ailleurs en falaises debout au bord d'un joujou de lac sur lequel une miniature de bateau transporte du combustible; forme ingénieuse et saisissante donnée à une juste réclamation ! Ce lac et ce bateau veulent dire : « La voie d'eau est la route du combustible, si vous voulez que nous ne succombions pas sous la concurrence anglaise : des canaux, encore des canaux, et toujours des canaux. » Un bloc de la veine Beust pèse 4,500 kilog.; un bloc de la veine Henri en pèse 1,300 de plus.

Voici des bois comme on s'attend à en trouver dans un département dont la richesse forestière est estimée à plus de 900 millions; des madriers, des plateaux, des membrures, des planches et des sciages de toute largeur et de toute dimension;

certains plateaux, en ronce de chêne, ne le cèdent point, pour la beauté de leurs veines, à des bois plus généralement estimés, parce qu'ils ont l'avantage, très-grand aux yeux des Français, de ne pas croître sur notre sol. C'est M. Émile Mahuet, maire de Saint-Dizier, qui a entraîné par son exemple les exposants de cette catégorie. Une bille, reconstituée par le rapprochement de tous les morceaux que la scie en a détachés, nous montre comment il faut débiter un bois pour tirer parti de toutes les qualités qu'il renferme, et, par exemple, pour séparer les parties riches en belles veines de celles qui en sont dépourvues; cette jolie leçon nous est donnée par M. Godard-Daussure. M. Henri Marchand expose une tranche d'un orme planté dans une des promenades de Bar-le-Duc, sous le règne de Robert II, il y a 512 ans. Cette vénérable relique a 2 mètres de diamètre sur 25 centimètres d'épaisseur, le tronc et les branchages du géant dont elle provient pesaient 60,000 kilogrammes. Deux mètres, c'est également le diamètre d'un chêne non moins patriarchal que l'orme précédent, dont MM. Lombard frères ont apporté une tranche, épaisse de 40 centimètres. Ce chêne vient de la forêt de Chaudron; son acte de naissance lui assigne 525 ans d'âge. Le tronc, au-dessous des branches, a fourni 140 décistères; c'est, dit-on: l'avant-dernier des beaux arbres qui ornaient jadis les forêts de la Haute-Marne. Dans le règne végétal comme dans l'animal, les rois s'en vont. (Innocente allusion à la guerre que Jules Gérard et d'autres démagogues livrent aux princes des bêtes; qu'on n'y cherche pas autre chose).

Sous une tente, est une yole qu'à la beauté du bois, à son poli, à l'élégance des formes, on prendrait pour un article d'ébénisterie; aussi craint-elle de se mouiller, comme on voit; sur la Marne sont des bateaux faits pour aller à l'eau, des nacelles brutes et des nacelles façonnées, une flûte de 33 mètres de long, des choses sérieuses construites par les constructeurs de Saint-Dizier. Dans tout le parc, enfin.....

Dans tout le parc nous rencontrons les dons charmants de Flore. Riches collections d'arbustes à feuillages persistants, la

belle famille des conifères, vulgairement dits *arbres verts*,
entre autres cet *araucaria imbricata* qui forme, dans l'Amérique du Sud et à la Nouvelle-Hollande, de vastes forêts d'arbres gigantesques ; des magnolias variés, l'agave d'Amérique,
dont le pédoncule floral croît d'un pied en un jour ; des corbeilles
de fuchsias, de glayeuls, de reine-marguerites, de verveines,
de *geranium zonale* et *inquirans*; des touffes de dahlias,
cette plante qu'on dirait faite à la mécanique et teinte par les
teinturiers de Reims, nous en comptons ici 98 variétés ; enfin
des rassemblements d'une foule d'excellentes plantes d'ornement qui ne réclament pas l'abri tropical des deux serres, où
l'on admire de poétiques azalées, emblèmes d'élégance féminine;
le figuier élastique, dans le suc duquel abonde cette précieuse
et admirable substance, le caoutchouc ; le bananier, chargé de
son régime, providence des contrées où il croît naturellement,
mais qui nous a fait bien du mal, s'il est vrai, comme le
veut la tradition, que son fruit ait tenté nos premiers parents,
qui se sont couverts de sa feuille, la faute une fois faite ; toutes
sortes de plantes à feuillage ornemental ; vingt variétés de
tydæa, cinquante variétés d'*achimenes*, plante brésilienne
remarquable par l'éclat, l'abondance et la durée de ses fleurs,
toute couverte de poils, à l'exception de sa corolle, mélancoli-
quement penchée; le *cissus discolor*, de la philanthropique
famille des ampélidées, mais du rameau stérile auquel appartient la vigne-vierge ; des fougères et ces lycopodiacées dont la
fine poussière, connue des nourrices, dessèche les écorchures
qui se forment aux plis des cuisses de ces anges bouffis, les
nouveaux-nés ; le *gymnogramma hybrida*, l'*oxychium aura-
tum*, le *padanus javanicus*, plantes aussi aimables que leurs
noms sont barbares, et dont cependant je ne critique les noms
que pour faire ma cour au public, en flattant un de ses pré-
jugés; le *pteris tricolor*, originaire de l'Indo-Chine, récemment introduit chez nous, et qui est une des meilleures plantes
de l'Exposition; le *cyanophyllum magnificum*, conquête éga-
ment toute nouvelle, faite sur le Mexique; les *Musa dinensis*,
les *caladium* variés, rejetons innocents de cette famille des

aroïdées, à laquelle appartient le perfide dragonet, dont les miasmes cadavéreux attirent les mouches, qui, une fois engagées dans sa spathe roulée en cornet, ne peuvent plus s'en dépétrer; ingénieux emblème des mauvais lieux, d'où, à l'inverse de cette « île escarpée et sans bords » on ne peut plus sortir dès qu'on y est entré; vingt variétés de bégonias, plante à la mode, exposées par l'un, trente variétés de bégonias exposées par l'autre; ajoutons des collections de roses, de fruits, de légumes, et concluons en disant qu'à chaque pas fait dans ce beau parc on se trouve en présence d'un intérêt, d'une commodité, d'un progrès, d'une merveille.

VII.

Sous les galeries, c'est un abrégé de l'encyclopédie technologique; beaux-arts et arts industriels, peinture et sculpture, photographie et gravure, instruments de musique; ameublement et décoration; tissus et vêtements; horlogerie, orfévrerie et bijouterie; appareils et matériaux de chauffage et d'éclairage; médecine et histoire naturelle; produits chimiques; poteries, faïences et porcelaines; substances alimentaires: farines, fécules et sucres, boissons fermentées, conserves et condiments; appareils servant à la préparation et à la conservation de ces substances; outils et machines : le nécessaire, l'utile et le luxe, seconde puissance de l'utile, il y a ici à peu près de tout.

Voulez-vous que nous en fassions l'épreuve? Qu'y a-t-il pour le service de Monsieur? Monsieur songe à faire bâtir; eh bien! quelle que soit l'importance et la destination des constructions à élever, Monsieur trouvera ici tout ce dont il a besoin.

D'abord ce n'est ni le fer ni la fonte qui manquent, vous vous en doutez, et vous en aurez la certitude tout-à-l'heure. Ce n'est pas non plus le bois, ni la pierre de taille ni le plâtre, vous le savez déjà. Ce n'est davantage ni le marbre ni le ciment, ni la brique cellulaire ou autre, ni les tuyaux, qu'on les veuille en terre, en fonte ou en tôle plombée et bituminée,

ni la tuile mécanique ou non mécanique, ni les carrelages, ni
les parquets, ni les mîtres de cheminées, ni les baguettes et les
moulures, etc. En fait de couvertures, vous pouvez choisir entre les tuiles plates à emboîtement de M. GUILHAUMON-JAVELLE,
le carton non bitumé, procédé Ruolz, exposé par MM. GUI-
CESTRE et Cⁱᵉ; le mastic asphaltique de MM. KNAB et Cⁱᵉ, et le
zinc ondulé de M. Pombla; les châssis pour toiture de MM. RIGNY
et MAYEUR, de Cousances, se recommandent à votre attention.
Prenez un de ces escaliers, si vous n'êtes pas assez homme de
progrès pour adopter l'escalier automoteur de M. Audraud,
que l'on ne monte pas, mais par lequel on est monté. Mettez à
vos portes les serrures de M. LESQUIVIN, et, comme excès de
précaution ne nuit pas, la maison construite, renfermez vos
billets de banque dans le coffre-fort incombustible de M. RAOULT,
ou dans le coffre-fort en fonte malléable de M. GOUVERNET. A
propos d'incombustibilité, il va sans dire que vous serez assez
ami de vous-même et de votre propriété pour CARTERONISER,
par l'intermédiaire de MM. DEMANGEOT et Cⁱᵉ, votre maison
tout entière, ou du moins tout ce qui en elle pourrait devenir la proie du feu; l'incendié qui n'a pas pris cette précaution n'a presque plus le droit de se plaindre. Voici plus de
balcons et de barres d'appui qu'il ne vous en faut probablement. Où trouverez-vous de plus belles cheminées en marbre
que celles-ci? A propos de cheminées, M. CHEVILLON, officier de
santé à Eurville, vous fournira un appareil pour les ramoner.
Nous trouvons bien que l'idée d'affranchir de pauvres enfants
de ce travail souvent dangereux soit venu à un membre du
corps médical, mais nous estimons que, de tous les procédés
de ramonage, l'incendie est le plus radical comme le plus
simple; et l'emploi des excellents matériaux, tels que briques
réfractaires, etc., que nous avons ici, permettant de cir-
conscrire à coup sûr un feu de cheminée dans ses justes limites,
nous ne voyons pas ce qui s'oppose à ce qu'une cheminée se
nettoie spontanément par l'action du foyer, à dessein activé.
Voici maintenant un autre exposant, M. SCHMITT, d'Épernay,
qui, dans une affiche à la main, apposée près de la porte du

Jard, prévient le public, en gros caractères, « qu'il s'engage à
empêcher de fumer. » Les fumeurs, avisant de loin cette promesse menaçante, s'inquiètent, s'indignent, mais bientôt ils
se rassurent en reconnaissant que M. Schmitt est fumiste et
que ce n'est pas au cigarre qu'il en veut :

« M. Schmitt Adolphe, fumiste expret, previent le public
qui sengage a empécher de fumer — sans faire aucune de-
gradation.

» C'est une appareille de cheminée servent a eteindre le
feu et a empecher de fumer et en une heure 1/2 chauffer une
place de 4 mettre carres le prix de mes apparcilles sont depuis
20 fr. jusqu'à 150 francs les personnes qui auront besoin de
ces services n'ont qu'a s'adresser chez Monsieur Lenfant au-
bergiste place de l'hotel de ville à St-Dizier ou a Epernay rue
du haut pavé n° 76. »

Quelque soit d'ailleurs le combustible dont vous désiriez
faire usage, houille, bois, anthracite, nous avons le système
de cheminée qu'il vous faut, et même nous vous fournirons
les combustibles et non-seulement les combustibles classiques
qu'on vient de nommer, mais le nouveau combustible de
M. CHALLETON DE BRUGHAT, ingénieur, dont la tourbe fait le
fond, mais la tourbe épurée de M. SCHMITZ qui n'est pas fumiste, mais ingénieur civil, et n'habite pas Épernay, mais
Paris (ne pas confondre); enfin voici le charbon de la ville
de MM. LESSELIN et Cie. Cependant, comme la cheminée est
au point de vue économique un appareil absurde, j'appellerai
votre attention sur divers sortes d'appareils de chauffage de
construction infiniment moins primitive et moins dispendieuse, sur plusieurs calorifères fumivores que renferme l'Exposition, et en particulier sur un poêle comtois tout nouveau
à flamme ambiante dont la grille en fer creux est traversée
par l'air qui vient chauffer le four. Si vous voulez supprimer
poêle et cheminées et chauffer votre maison de haut en bas à
l'aide d'un seul foyer, je vous approuve et vous propose le calorifère de cave de M. DÉCEMBRE, un nom qui est une destinée.
Le mieux encore serait de résoudre du même coup la ques-

tion de l'éclairage et celle du chauffage par l'emploi du gaz,
mais il n'y a pas encore assez longtemps que cette solution
simple, élégante, commode, si avantageuse au point de vue
de l'hygiène et du travail domestique, est pratiquée par les
Anglais, de qui nous recevons habituellement le mot d'ordre
du progrès industriel, pour qu'elle puisse être adoptée tout
de suite chez nous. Autrement les becs en cristal athermique
de MM. MONIER et Cⁱᵉ, pour l'éclairage au gaz seraient recher-
chés par tous les consommateurs de lumière. En attendant, il
convient de nous rendre compte de la valeur des différents
appareils d'éclairage que nous avons sous les yeux : de ceux
de M. GILLON par exemple ; de la lampe économique de M. BOU-
LANGER ; des lampes à schiste de M. MARIS ; de l'éclairage minéral économique de MM. Robert GALLAND et Cⁱᵉ ; de l'éclairage
à l'huile lourde de houille de MM. KNAB et Cⁱᵉ : voilà bien des
sujets d'étude. Puisqu'il a été question de cave, disons tout
de suite que nous pourrons y placer les fûts métriques de
M. ALEXANDRE, tonnelier à Nuits, où un tonnelier acquiert
aisément l'expérience de sa profession ; les porte-bouteilles
mobiles en fer de M. BARDON ; le fausset hydraulique de M. BE-
LIARD ; les machines à boucher de M. CHALOPIN et les enveloppes de bouteilles en sparte de M. WILD.

De la cave à la cuisine il n'y a qu'un pas tous les jours
franchi. Nous ne saurions avoir la pensée de faire de notre
cuisine privée ce que sont en Angleterre et en Amérique, depuis plusieurs années, et chez nous depuis beaucoup moins
de temps, cela va sans dire, les grandes cuisines des établissements publics (1) ; de véritables usines culinaires, organisées
sur le principe de la division du travail, mues par la vapeur,
munies d'une foule de petits appareils mécaniques et écono-
miques. Mais, dans notre modeste sphère, nous pouvons bé-
néficier de plus d'un progrès récent. Nous ferons emplette d'un
de ces grands et beaux fourneaux de fonte à compartiments
multiples, aménagés avec tant d'intelligence, et d'un emploi

____

(1) Celle de l'Hôtel du Louvre à Paris par exemple.

si commode et si économique, dont l'usage s'est répandu depuis quelques années. L'Exposition nous fournit l'occasion d'opter entre ceux de MM. ZANI frères, à Chaumont, M. T. DE TRICORNOT, à Farincourt, CORNEAU frères, à Charleville, etc. Nous trouverons à nous approvisionner largement auprès de MM. Hippolyte ANDRÉ, LEBÂCHELLÉ et DE CHANLAIRE, MUEL WAHL et Cⁱᵉ, Jules VIRY et Cⁱᵉ, de cette belle poterie de fonte qui finira par détrôner le cuivre, dont l'emploi, outre qu'il n'est pas sans danger, entraîne une si grande déperdition de travail domestique. Examinons avec un soin particulier ces vases en fonte, qualifiés à si juste titre d'hygiéniques, en raison de la sûreté de leur emploi, et d'argentine vernie, à cause de leur éclat, qu'expose M. E. BOUCHER, de Fumay. En fait d'ustensiles de ménage en ferblanc, zinc et tôle, il n'en est pas que nous ne rencontrions dans le compartiment si bien rempli de MM. FRANÇAIS, FAUCONNIER et Cⁱᵉ, de Lamarche, qui fabriquent tout cela mécaniquement. Quant à la boissellerie et à la vannerie, nous sommes ici dans un de leurs centres de production. M. GUILLIÉE, de Naucourt, nous fournit une bouilloire dont le contenu n'a rien à craindre de la fumée. MM. UTZSCHNEIDER et Cⁱᵉ, de Sarreguemines, mettent sous nos yeux le plus séduisant étalage de poteries de ménage; terre à feu, jaune, noire et carmélite, opaque, gris fin et porcelaine. Parmi les poteries analogues de MM. MIELLE et Cⁱᵉ, de Radonvilliers, des plats pour carpes et écrevisses, offrent un moule si exact de ces animaux, qu'on se demande si c'est le plat qui a donné sa forme à la bête, ou la bête qui a donné la sienne au plat; cette dernière version me semble cependant la plus vraisemblable. Grâce à M. TREMAUX-CHOPPIN, de Saint-Dizier, la porcelaine de la Haute-Vienne fait ici très-digne figure. Mais ces beaux produits n'appartiennent plus à la cuisine, et puisque nous en voici dehors, occupons-nous de notre ameublement.

Où trouverons-nous de plus beaux papiers de tenture que ceux de MM. TURQUETIL et MALEZARD, et quels meubles désirerez-vous qui ne se rencontrent ici? Quels tapis? et quelles tapisseries? L'ébénisterie produit-elle des lits de formes plus pures, de dessins plus charmants que ces lits de fer et de fonte devenus de véritables objets de luxe. Voici le sommier Tucker. Et des pendules, en veux-tu, en voilà! veillons à ce que leurs rouages reçoivent l'impulsion de ces ressorts dont M. BILLAU-DEL, horloger à Sermaize-sur-Saulx fait sa spécialité. Que de beaux vases en fonte à disposer tout pleins de fleurs sur les degrés de nos perrons! que de splendides girandoles pour l'ornement de nos vestibules! que de lustres à suspendre à nos plafonds! Appendons aux murs quelques-uns des 177 dessins de PERNOT, de Wassy, et les bas-reliefs de MARCHAL, de Saint-Dizier; couvrons nos étagères de ces terres cuites d'Eugène BLOT, de Boulogne-sur-Mer, des statuettes de M. BOUTE-VILLAIN, de Vaqueville, et des coupes de M. GÉGNON, de Troyes, obtenues les unes et les autres par la galvanoplastie; des vases et statuettes en porcelaine fine de MM. LÉTU et MAUGER. Devenons les heureux possesseurs de ce cadre en noyer sculpté par M. POIRSON, de Paris. Aux amateurs d'histoire naturelle, M. MASSELOT, à Mertrud, et M. BURGRELLOT-CARTRY, de Metz, fourniront des animaux très-bien montés; mais ce dernier voudra-t-il se dessaisir de cette chèvre illustre qui, lors du retour de Crimée, triomphait en tête d'un régiment de zouaves? Quant au pianos (sans pianos que devenir!) il faudra nous décider entre ceux de MM. HENRI et MARTIN, de Paris, J.-J. HENSEL, de la même ville, et Victor MANGEOT, de Bar-le-Duc. L'ingénieux pupitre à musique, inventé par M. LOISON, de Verdun, et qui se renferme dans une tige de bois de 4 centimètres et demi d'épaisseur, pourra nous rendre des services dans nos pérégrinations musicales. Avouez que dans ce riche buffet, surmonté d'une bibliothèque genre Henri IV, sculpté au ciseau par M. GEISSENGER, ébéniste à Eclaron, qui nous le montre bravement et fièrement sans poli ni vernis, comme les propriétaires des hauts-fourneaux et fonderies de Sommevoire écrivent au-dessus de leur exposition de fontes d'ornements SANS RETOUCHE! avouez, dis-je, que dans ce beau meuble vous renfermeriez volontiers les objets antiques et historiques qu'expose M. Lemoine, de Joinville, si M. Lemoine voulait nous les vendre. Peut-être aussi quelque vieux de la vieille aimerait-il à y déposer ce livre d'heures qu'on voit dans la vitrine de M. Laferrière, horloger à Saint-Dizier, et qui a appartenu à Napoléon, alors élève de l'école de Brienne.

MM. Arbeaumont, de Vitry-le-Français, et Lebreton, d'Orléans, se chargeront de dessiner le plan de votre jardin. M. Leroy, de Saint-Dizier, vous fournira pour vos clôtures d'excellents grillages en fil de fer. M. Pombla tient à votre disposition, pour la construction de vos serres et de vos hangars, un système de charpente en fonte et en fer, également remarquable par sa simplicité et sa légèreté. Les toiles de MM. Yvosse-Laurent et Cie serviront à les recouvrir. Pour y faire régner une température convenable, vous avez la chaudière ds M. J. Duvoir, de Meaux. MM. Ruchet et Cie vous construiront de jolis châlets, et quel mobilier plus charmant pourriez-vous y mettre, quecette espèce d'ébénisterie en fer fabriquée par MM. Joubert, Guillemot, Guérin et Cie? Seulement cela n'a de rustique que le nom, et bien des meubles de salon n'atteignent pas au degré d'élégance qu'on admire dans ces délicieuses chaises et dans ce ravissant guéridon exécutés pour M. le comte de Morny. Vous savez à qui vous adresser pour les bancs et autres siéges de jardins, pour les vases, les candélabres et les suspensions, pour les statues et les animaux, et il n'est pas nécessaire de répéter les noms fameux de MM. Barbezat et Cie, du Val-d'Osne, MM. Colas frères, de Moutiers-sur-Saulx, Desforges, Brochon, et Festugières, de Brousseval, Durenne, Zégut et Petit, de Sommevoire. Quant aux fleurs et aux arbres dont un jardin si riche qu'il soit en objets d'arts et en commodités de toutes sortes ne saurait trop se passer, choisissez entre les collections d'arbres verts de MM. Baltet frères, à Troyes, et Philippe et Arbeaumont, à Vitry-le-Français, les arbres et arbustes de MM. Jamin et Durand, de Bourg-la-Reine, les plantes nouvellement introduites en Europe, de M. Crousse, de Nancy, les plantes à feuillage de Mme Vve Munier, de la même ville, les palmiers, les dracœnas et les Fou-

fougères de M. Dubar, jardinier chez M. de la Franchecourt,
à Vitry-le-Français, les fleurs de serre-chaude de M. Barba,
même localité. Enfin tàchez de profiter des leçons que vous donnent ces amateurs d'horticulture, M. Haudos, député à Loisy-sur-Marne, qui expose des plantes de serre-chaude, M. Char-Lavocat, maître-de-forges à Bologne-sur-Marne, qui expose
60 variétés de poires, 35 à 40 variétés de pommes, 125 à 130
variétés de dahlias, et une admirable collection de roses, et
M. le baron Lespérut, député à Eurville, qui expose des fleurs
de serre chaude et en plein air. Mme Vve Lenoir vous fournira
d'élégantes étiquettes, M. Besnard ses tuteurs en ardoises, et
si vous avez besoin d'engrais, nous en avons à revendre.

Occupons-nous de la personne. Il faut l'avouer, la moins
belle moitié du genre humain trouverait difficilement ici de
quoi se vêtir d'une manière réglementaire ; a part les chapeau et la chaussure, je ne vois rien a son usage et c'est notoirement insuffisant. Encore la chaussure ne consiste-t-elle
guère qu'en sabots, mais quels sabots (ou le luxe va-t-il se
nicher ?) que ces sabots-souliers à plis en cuir vernis si coquettement fabriqués par MM. Billiard, de Villenaux, et Ferlin-Desboziers, d'Avize! Nos pères les gaulois reconnaîtraient
difficilement leur nationale chaussure dans ce sabot ambitieux, honteux de lui-même, et qui se déguise en escarpin.
Quant à la chapellerie, elle est fort belle, sortant de la grande
fabrique de MM. Laville et Cie, représentée par M. Costant-Sandras, chapelier à Saint-Dizier. Aux dames mieux partagées, MM. Nyssen et Max, de Reims, offrent leur satin impérial broché et des châles nouveautés; M. Sautret fils, de
Betheniville, des mérinos double chaine et des mérinos simples tissés mécaniquement ; M. Yvon-Baudin, de Bar-le-Duc,
des prunelles et des tartanelles; M. François Lefèvre de la
même ville, des tissus en laine et coton ; M. Eugène Caillard
(encore Bar-le-Duc), son droguet pointillé; M. Verjot-Gommier, de Chartres, de belle bonneterie. MM. Delamotte et
Faille, teinturiers, à Reims, exposent 132 pièces admirablement teintes, qui justaposées n'occupent pas moins de vingt-

cinq mètres de long. M. ABLER, de Paris, à rempli une charmante vitrine de délicieux souliers, dont la petitesse fait rêver. Corsets, capottes et capelines, chapeaux de paille, paille de perthes et paille d'Italie, etc., etc. Nous allions oublier les belles fourrures de M. G. BELLEN de Metz.

Mais ce qui mérite une mention particulière, c'est la splendide exposition de ganterie de la grande maison J. TRÉFOUSSE, HERZ et Cie, de Chaumont, dont la présence à Saint-Dizier où elle figure si brillamment est un acte de dévouement à la Haute-Marne, puisque le produit du travail des 2,800 ouvriers qu'elle emploie s'écoulant à l'étranger, elle n'a aucun avantage à retirer de cette publicité coûteuse.

Pour achever de nous vêtir, un coiffeur de Chaumont nous apporte des perruques; un dentiste de Bar-le-Duc des dents, M. TERREUR le chromacôme. Nous avons en outre du noir d'ébène, du rouge et du blanc, l'huile vénitienne, contre la chûte des cheveux, beaucoup de ouate; vous voyez qu'on peut aisément se compléter.

Maintenant allons souper. Deux boulangers de Saint-Dizier fourniront le pain, deux pâtissiers de la même ville les biscuits et la brioche; les conserves de légumes et de fruits ne font pas défaut, et nous avons mieux encore; des légumes et des fruits dans leur fraîcheur. Quant aux vins, vins rouges et vins blancs, vins de la Côte-d'Or et vins de la Champagne, (Sillery, Bouzy, Avize, Ay; Ay crémant, Ay mousseux); vins fins, (Lacryma-Christi, Palatio, Rola, Moscatello); bières gazeuses et mousseuses; limonades et sirops; eaux-de-vie, Kirch, absinthe, punch caraque, curaçao, vinaigre! la Côte du Châtelet de M. BURGEAT-BAILLY, la liqueur de Bon-Chrétien, l'élixir de la Côte de Bouzy de MM. de PITANGIER et PERRIER, la liqueur de vanille et même la Rigolbochine de M. WISS, qui vaut mieux que son nom, j'aime à le croire; nous en avons pour tous les âges, tous les sexes, tous les estomacs, et par conséquent toutes les opinions. On a vu ci-dessus un maître-de-forges, exposer des fleurs; un autre maître-de-forges, M. BECQUEY, de Marnaval, expose des vins rouges et blancs, du kirch et de l'eau-de-

vie ; si dans leur genre ces produits champêtres sont au niveau des fers de M. Becquey, ils peuvent avoir des égaux, ils
n'ont pas de supérieurs. Je constate une lacune, la viande fait
absolument défaut ; j'ai beau chercher, je ne trouve qu'un ac-
cessoire, la moutarde, exposée par M. GUÉRIN. Eh bien, si vous
m'en croyez, nous remplacerons sur notre table les plats de
venaison et de boucherie absents par ces beaux vases sans retouche de Sommevoire, que nous surchargerons de fleurs par-
fumées dont l'Exposition abonde.

Si, nonobstant cette substitution, vous étiez dans le cas de
garder le lit, rappelez-vous le *nosophore* RABIOT, lit mécanique, pour malades et pour blessés, dont on ne peut étudier
les ingénieuses combinaisons d'un œil indifférent quand on a
vu souffrir.

<h2 style="text-align:center">VIII</h2>

Ai-je tout dit? loin de là ! j'ai à peine commencé, car je n'ai pas
abordé encore la partie caractérisque de l'Exposition, ce qu'il
y a en elle d'essentiellement local, d'original par conséquent.

Où sommes-nous? dans le département le plus riche en fer,
dans l'un des plus riches en forêts, dans l'un des mieux ar-
rosés, et qui doit à cet heureux concours de circonstances
d'être depuis des siècles un des principaux foyers de la métallurgie. Nous sommes dans une contrée où, dès l'époque gallo-
romaine, on fabriquait en fer la plupart des ustensiles, des
outils et des armes que les maîtres du monde faisaient en
cuivre et en bronze ; où, en 1157, un comte de Champagne,
Henri Ier, donnait les forges de Wassy au monastère de Cî-
teaux, où, en 1500, existaient des hauts-fourneaux semblables
à ceux d'aujourd'hui ; où la coutellerie avait, dès 1485, une organisation régulière à Langres. Nous sommes dans un département qui compte 90 hauts-fourneaux, 11 laminoirs, 13 forges à marteaux, 27 wilkinsons (1) produisant annuellement

(1) Consulter à ce sujet l'intéressante *Carte des Usines du bassin mé-*
tallurgique de la Haute-Marne, que vient de publier M. O. Saupiqu.,
où, au moyen de signes symboliques affectés à chaque genre d'usines, on
saisit à première vue la distribution de ces usines dans le département.

87 millions de kilogrammes de fonte brute, 6 millions de kilogrammes de fonte moulée en première fusion, 4 millions 500 mille kilogrammes de fonte en deuxième fusion, et 50 millions de kilogrammes de fer ; où les produits des hauts-fourneaux représentent une valeur de 18 millions, et ceux des forges une valeur de 15 millions ; où, en outre des usines déjà citées, sont agglomérées des tréfileries, des pointeries, des fabriques de chaînes, de ferronnerie, de quincaillerie, de serrurerie et de meubles en fer, qui enfin compte au nombre de ses centres de populations, Nogent et Langres, si célèbres par leurs établissements de coutellerie. Or, toutes ces industries font à l'Exposition la plus grande figure. Le fer, la fonte, la tôle y sont représentés par 39 usines, dont 28 appartiennent à la Haute-Marne et 11 aux Ardennes et à la Meuse, la coutellerie par 16 maisons ; les chaînes, la boulonnerie, les fers creux, par des établissements de premier ordre.

Cependant, à peine avons-nous jusqu'ici prononcé le nom de la métallurgie, nous avons dit quelques mots de la fonte d'ornement, à propos de ces œuvres d'art, d'un goût si pur et d'une si belle exécution qui sont disséminées dans le parc ; mais, si éminentes que soient ces productions, ce ne sont plus que les bagatelles de la porte (qu'on me pardonne ce blasphème), pour qui a vu avec quelle profusion des pièces d'un mérite égal sont entassées sous les galeries. Et puis je n'ai mentionné que de la fonte d'ornement, et j'ai à parler du plus magnifique assortiment de poterie, poêlerie, tuyauterie, de sablerie, en un mot et surtout de fontes mécaniques. Je n'ai cité que la fonte, et le fer, non moins puissamment représenté, donne occasion de constater des progrès tout aussi décisifs sous le rapport de l'accroissement de la qualité et de la diminution du prix.

Parmi les fontes d'ornement en première et en deuxième fusion, indépendamment d'un nombre infini de balustrades, de balcons, de barres d'appui, d'articles de monuments funéraires, de croix et d'entourages de tombes, l'Exposition renferme un grand nombre de statues ; d'abord, un saint Éloi,

qui est là chez lui, et qui a le droit d'être cité le premier étant
le patron de tous ceux qui travaillent le fer ; des dieux et des
déesses, et l'un des moins recommandables, Mercure ; ces en-
nemis de la superstition : Voltaire et Rousseau; ces héroïnes :
Jeanne-d'Arc et Jeanne Hachette ; la Madeleine repentante de
Canova, de grandeur naturelle ; un Christ de Bouchardon, de
2 mètres de hauteur et qui ne pèse que 130 kilogrammes, au
lieu de 180, qui est le poids que cette pièce atteint habituellement ; un autre Christ, également remarquable par le peu
d'épaisseur de la fonte, vendu à l'évêque de Versailles ; l'Enfant
fant en prière ; l'Enfant au cygne; un guerrier sarrazin de
1 mètre 15 centimètres, fondu d'une seule pièce ; de belles
femmes remplissant l'office diabolique de porte-lumières (Lu-
cifer). En fait d'ornements : des lustres superbes, de magni-
fiques candélabres, des lits d'une extrême légèreté et d'une
finesse admirable, des panneaux de portes, des tableaux de
chasse, les stations du chemin de la croix, des croix, une
croix en ronde bosse d'au moins 4 mètres, de petits christs
pesant 3 hectogrammes, un autel byzantin, une grille de
chœur style gothique, de belles coupes et de beaux vases, de
délicates assiettes à pied qui sont de véritables dentelles, des
médaillons à tête de cheval, des lettres et des chiffres ornés
pour enseignes, d'élégants porte-brides sous forme de têtes
d'animaux, un remarquable modèle de pilastre ciselé, des vasques à plusieurs étages ; et, pour finir, un monument funé-
raire, représentant une église gothique d'une grande légèreté, tout y étant creux, les clochetons et la flèche.

Quelques tableaux religieux sont en fonte galvanisée ; un
certain nombre de statues sont peintes en imitation de marbre,
de bronze, de fer poli; dans le nombre est une vierge-mère
de 2 mètres de hauteur, peinte en bronze et modelée d'après
un tableau d'Owerbeck. Un grand nombre d'autres, au contraire, sont simplement nettoyées de leurs bavures ; enfin il en
est, et celles-ci sont au rang des plus admirables, qui n'ont pas
été nettoyées ; le sable du moule y adhère encore, elles n'ont
pas reçu un coup de lime, aucune parcelle de mastic ne dissi-

mule leurs défectuosités. Telles sont les 200 pièces exposées par Sommevoire. Nous verrons que quelques fontes mécaniques sont dans le même cas.

En fait de gros moulages et de pièces mécaniques, après les plus belles fontes creuses qu'on puisse imaginer, d'excellents châssis pour toitures, des modèles de poids à peser en fonte creuse, nous trouvons : des boîtes à graisse, des boîtes à roues, trois types de moyeux de roue d'une remarquable exécution, et présentant de grands avantages sur les moyeux en bois ; des jantes et des rais, un engrenage double et un engrenage de manége non ébarbés, en fonte de première fusion, et coulés en sable vert et aussi bien réussis que difficiles à exécuter ; un fort engrenage usé jusqu'aux dents, et fait en fonte de si bonne qualité, que pas un seul chicot n'est cassé ; un engrenage de moulin à battre avec l'assortiment mécanique de la batterie, et des engrenages à dents intérieures et extérieures, le tout sans retouche ; une turbine de 1 mètre 80 centimètres, dont le moulage a dû présenter de grandes difficultés en raison de la complication et de la ténuité des lames ; une roue à vis sans fin pour huilerie d'une puissance extraordinaire ; un bâtis, une roue de locomobile et des poulies de traction pour une charrue à vapeur ; un cylindre de locomotive pour le chemin de fer de Lyon pesant 1,282 kilogrammes, des plaques tournantes et une partie du matériel des chemins de fer ; des cylindres de laminoir trempés ou non trempés, des marteaux et des enclumes de forges, et enfin des pièces pour la marine. Ajoutons des fontes en saumon blanches ou grises pour la fabrication du fer.

En fer : massiaux du poids de 10 à 160 kilogrammes, cinglés au marteau et pouvant être étirés au marteau ou au laminoir, fer à T, long de 12^{m}10, cornières de 20^{m}20 ; fer à vitrage de 26 mètres ; fer rond, ni étampé ni soudé, de 135 millimètres, et d'une longueur de 8^{m}30 ; carré de 90 millimètres, long de 10^{m}30 ; essieu corroyé sans soudure, du poids de 254 kilogrammes, essieu pesant 380 kilogrammes ; essieu ployé à froid dans son milieu, pour montrer l'excellente qualité du fer ; coussinets qui, sous un poids moitié moindre, présentent une résistance quatre fois plus grande que ceux en fer ; rail Loubat, long de 23m40 et pesant 19 kilogrammes le mètre ; tampons de locomotives d'une seule pièce, sans soudure ; fers élastiques ou ondulés, maintenant les cuves en bois dans un état de conservation parfaite, parce qu'ils se prêtent à toutes les variations de volume de celles-ci ; beau spécimen de vis de pressoir étampée ; feuillards de 50 mètres de long sur un décimètre de large ; feuillards de 117 et de 148 mètres de longueur ; fil de fer n° 20, de 715 mètres de long et pesant 70 kilogrammes, sans rupture ni soudure, d'une seule pièce ; enfin des pièces pour courbes de navire.

Ajoutons le fer travaillé pour meubles de jardin et meubles d'appartement ; le fer creux et la tôle découpée formant des lits, des tables, des chaises, des kiosques, des volières, et enfin le plus remarquable assortiment de chaînerie, de pointerie et de boulonnerie.

En acier : l'acier fondu en barres et en outils de qualités différentes, les uns destinés à la coutellerie fine et à la chirurgie, les autres à la taillanderie fine et aux objets de résistance, les autres à la grosse taillanderie, et enfin la taillanderie et la coutellerie elles-mêmes y compris celle de Nogent et de Langres.

Cette énumération des articles de fer et de fonte montre assez qu'on ne voit à Saint-Dizier aucune de ces pièces extraordinaires faites en vue des Expositions, et qui par leurs caractères exceptionnels attirent les regards des visiteurs les moins attentifs. Comme il convient à une Exposition locale, l'industrie est venue ici, non point en habits de fête, mais dans ses habits de travail, et si elle ne montre pas ce dont elle est capable en forçant ses moyens, elle montre ce qu'elle fait tous les jours, ce qu'elle est en état de faire à la première réquisition ; chaque usine a simplement transporté à l'Exposition quelques pièces de ses magasins, et nous voyons là le travail pris sur le fait. Le fait est grand ! Heureux qui a pu comme nous examiner de près tous ces produits ; plus heureux encore celui à qui un exposant, tel que M. Zégut, l'un des propriétaires des hauts-fourneaux de Sommevoire, voudra bien expliquer les pratiques les plus raffinées de son industrie qui est un art, ou à qui un exposant, tel que M. Bonnor, des forges de Sainte-Marie, voudra bien faire les honneurs de sa puissante usine : cette double bonne fortune m'est échue en ce dimanche 16 septembre, si bien rempli et dont je raconte les impressions; je suis heureux d'en témoigner publiquement ma reconnaissance; grâce à tant de bienveillance, à la tournée d'usines que nous allons entreprendre, aux documents qu'un grand nombre de maîtres de forges ont bien voulu nous communiquer, à ceux qui nous parviendront encore, les notices particulières que nous entendons consacrer à chacun des exposants de cette catégorie procureront tout le dédommagement possible à ceux de nos lecteurs qui sont obligés de voir l'Exposition par les yeux d'autrui; elles leur permettront de reporter à chacun la part d'éloges qu'il mérite et d'apprécier au vrai la situation de notre industrie métallurgique.

En attendant, nous compléterons ces indications préliminaires par la liste exacte des industriels dont nous venons de mentionner si brièvement les produits. Laissons la parole au catalogue, il a son éloquence.

Fers, fontes et tôles

Usines de la Haute-Marne :
MM.

J. Adam, à Chamouilley : essieux.

Adam, Drouot et Cie, à Saint-Dizier : fers de toutes espèces et échantillons.

Barbezat et Cie, au Val-d'Osne : statues, animaux, vases, candélabres, bancs de jardin.

Baudon et Lafond, à Riancourt : fontes.

Becquey, à Marnaval : fers plats, carrés et ronds, essieux, pièces mécaniques, fontes diverses.

Le comte Henry de Beurges, à Reynel : fers des forges de Manois.

Bonnamy, Forfillier et Cie, à Doulaincourt : fers spéciaux pour navires, chemins de fer, locomotives, vitraux, châssis de couche, mécanique.

De Bonnecaze, à Froncles : feuilles de tôle de diverses dimensions.

Bonnor jeune, à Donjeux : fer feuillard.

Bonnor, Degrand et Cie, à Eurville : fers laminés.

Bonnor, Malgras et Cie, à Saint-Dizier : fers laminés, fers au bois, cercles et rubans, machine, fils de fer.

L. Colas et Jacquot frères, à Bienville : fers martelés en barres, socs de charrue.

Danelle frères, au Buisson : essieux, plaques de charrues, fers.

Desforges, Brochon et Festugières frères, à Brousseval : animaux, vases, coupes, bancs de jardins, balcons, barres d'appui, croix.

Ferdinand Dormoy et Cie, à Rimaucourt : fers bruts et laminés, essieux, rails et tampons.

Douriez et Legros, à Roches-sur-Rognon : fers spéciaux.

Durenne, Zégut et Petit, à Sommevoire : statues, vases, candélabres, bancs.

Glavet, Morlot et Cie, à Saucourt : essieux, battants de cloches.

Jacquot frères et neveux, à Rachecourt-sur-Marne : fers.

Lavocat et Cie, à Bologne : socs de charrue, essieux de voitures, tampons de wagons, leviers de freins, leviers de porte-rabots.

Lebachellé et De Chanlaire, à Dommartin-le-Franc : marchandise creuse, poterie, mécanique, ornements.

De Maupas, à Thonnance-les-Moulins : essieux, fers martelés.

De Menisson et Cie, à Saint-Dizier : fontes à refondre, fers laminés, feuillards, ronds de tréfilerie.

Ovide Martin, à Dommartin-le-Franc : ornements en fonte de fer.

E. Royer, à Cirey-sur-Blaise : fontes.

Salin, Lasson et Cⁱᵉ, à Bussy : cylindres de laminoir trempés.

T. de Tricornot, à Farincourt : fourneaux de cuisine en fonte.

Jules Viry et Cⁱᵉ, à Allichamps : poteries et pièces mécaniques.

Usines de la Meuse et des Ardennes :

Hippolyte André, à Cousances (Meuse) : collection de poêles, appareils de chauffage économique, poterie; cylindres tendres, durs et trempés pour forges et laminoirs.

E. Boucher, à Fumay (Ardennes) : fers battus, fonte argentine, vases culinaires hygiéniques.

Colas frères, à Moutiers-sur-Saulx (Meuse) : ornements en fonte, statues, bancs.

Hannonet, à Flize et Boutancourt (Ardennes) ; produits métallurgiques.

Jacquot frères, à Haironville (Meuse) : fers, essieux.

James-Jaune, à Perpignan : fonte aciéreuse au charbon de bois.

Lallemand et Rivard, à Stenay (Meuse) : fonte au bois.

Muel, Wahl et Cⁱᵉ, à Tusey (Meuse) : fonte moulée en ornements, pièces mécaniques, tuyaux, marchandises creuses, plaques de cheminées, fonte pour construction.

Petit, à Olisy-sur-Thiers (Meuse) : escoupes et pelles.

Rigny et Mayeur, à Cousances-aux-Forges (Meuse) : fontes moulées en tous genres.

Salin, Lasson et Cⁱᵉ, à Abainville (Meuse) : fers (barres de plat, barres de cornières, gros ronds étampés).

H. Vivaux et Cⁱᵉ, à Dammarie (Meuse) : bâtis de scierie, volant, pièces d'assortiments, cylindre de locomotive, poêle à four à trois marmites.

Coutellerie

Exposants de la Haute-Marne :

MM.

Bernard, coutelier, à Poulangny; Boireux, taillandier, à

Serqueux ; Bourgeois-Ruiz, fabricant de coutellerie, à
Romain-sur-Meuse ; Brené-Guillemin, à Damremont ;
Guerre fils, à Langres ; Dormoy, à Autigny-le-Petit ;
Lebeuf, à Romain-sur-Meuse ; Naudin, armurier, à Saint-
Dizier ; Ozenne-Mouginot, fabricant de limes, à Breu-
vannes ; Roze-Pierron, fabricant de coutellerie, à Saint-
Dizier ; Thuillier-Lefrant, à Nogent-le-Roi.

Exposants étrangers à la Haute-Marne :

MM.

Digard jeune, à Thomery (Seine-et-Marne) ; Mericant, à
Paris ; Sommelet, à Laimont (Meuse) ; Taborin, à Paris ;
Villemot, de la même ville.

Quincaillerie et Serrurerie.

MM.

Bonnamy, à Saint-Dizier : filière à vis de côté avec ses accessoires.

Diney-Masson, à Saint-Dizier : engrenage en fonte à dents
croisées.

Feron et Dubois, à Saint-Dizier : chaînes, pointes, fils de
fer, étrilles, poids à peser, boulons.

Gitz frères, à Saint-Dizier : chaînes de différents échantillons.

Hachette, à Saint-Dizier : tuyère en cuivre rouge, pignon à
doubles dents, coussinet en bronze pour transmission.

Huin, à Joinville : tuyère en cuivre.

Jeanson père et fils, à Wassy : marteaux de moulin.

Joubert, Guillomot, Guérin et Cie, à Saint-Dizier : lits en
fer, volières, chaises et bancs de jardin, jardinières, suspensions, grilles, entourages de tombes.

Joubert, Guillomot et Cie, à Saint-Dizier : chaînes, pointes,
fils de fer, poids à peser, ressorts élastiques.

Lallemant, à Eurville : spécimens d'outils.

Leclerc, à Saint-Dizier ; chaînes et fauteuils en fer, bancs
et tabourets, lavabos, lits, bordures de parterre.

Charles Legrand, à Saint-Dizier : grosse ferronnerie, quincaillerie.

Martin Leroy, à Saint-Dizier : toile métallique à l'usage des usines et de l'agriculture, grillage en fil de fer.

Lesquivin, à Saint-Dizier : quincaillerie générale pour tous usages, en cuivre, fer et bois, serrures et fermetures ordinaires, à secret.

Minot, à Saint-Dizier : chaînes, boulons, poids.

Rozé-Pierron, à Saint-Dizier : modèle de poids à peser en fonte creuse.

Vincent-Feron, à Saint-Dizier : fil de fer puddlé, chaînes.

IX

L'énumération des industries caractéristiques de la Haute-Marne serait incomplète si nous ne mentionnions l'industrie des cuirs ; elle est dignement représentée par :

Charles Buret, Desanlis et Philippe Lebon, de Saint-Dizier ; Godard-Dubé, à Chaumont ; Laclociie frères, à Saint-Dizier ; Lebon-Vinchon, à Montierender ; Neveu-Champigneulle, à Sermaize-sur-Saulx ; Walter et Humblot, à Nogent-le-Roi, auxquels se sont joints : Cabarat, à Bar-sur-Aube ; Dubé-Lombard, à Stainville (Meuse) ; E. Scellos, à Paris, et qui exposent entr'autres bonnes pièces :

Des vaches lissées, des vaches en huile, des veaux blancs et des veaux cirés, du cuir noir ordinaire, des génisses refendues, du cheval corroyé, des croupons de vache, des avant-pieds et des tiges. L'un de ces honorables chefs d'industrie, M. Neveu-Champigneulle, a eu la bonne pensée d'amener ses ouvriers à l'Exposition.

Nous rappelons ici pour mémoire MM. J. Trefousse, Herz et Ci°, à Chaumont, déjà cités, et qui représentent à eux seuls la ganterie, et la représentent complétement. Leur exposition comprend : mégisserie, ganterie, caoutchouc, albumine, cartonnerie de gants, machine à mégisser, mécanique à couper les gants.

X

Nous avons maintenant mentionné toutes les industries auxquelles la Haute-Marne s'adonne particulièrement. Mais nous
l'avons fait au hasard de la rencontre et de nos impressions,
sans méthode par conséquent, et, comme à part la métallurgie
et ses annexes, l'énumération des produits locaux est mêlée
dans ce qui précède à celles de produits étrangers au département, il convient avant d'aller plus loin de résumer dans une
vue d'ensemble tout ce qui a trait à la Haute-Marne. Sans négliger aucun des objets exposés, et même en donnant une place
d'honneur, comme le veulent les lois de l'hospitalité, aux produits venus du dehors, un livre de ce genre ne doit-il pas
s'attacher, d'une manière spéciale, à faire connaître la contrée ou une Exposition a lieu?

Cette partie de notre tâche est d'autant plus facile à remplir,
et j'ajouterai d'autant plus attrayante, que les industries de la
Haute-Marne se déduisent logiquement et avec une rigueur
très-satisfaisante pour l'esprit de la constitution géologique du
département et des caractères qu'y présente la surface du sol;
de sorte que, pour qui connaît ces éléments, rien n'est plus
simple que de deviner les spécialités industrielles de la région.

Que nous enseigne l'étude géologique de cette région? Elle
nous enseigne que la Haute-Marne est assise pour la plus
grande partie sur des terrains secondaires, c'est-à-dire sur des
terrains riches en pierres de taille renommées, en terre à briques et à tuiles, en calcaires donnant de bonne chaux hydraulique, en argiles produisant d'excellentes briques réfractaires,
en sables propres au moulage et à la construction des creusets
des hauts-fourneaux, en grès propres à fournir d'excellentes
meules à aiguiser, et surtout en minerai de fer, et particulièrement en ce minerai dit oolithique, si abondant et d'une exploitation si facile qu'on le ramasse fréquemment à la pelle; or,
nous savons qu'en effet aucun de ces éléments de richesse ne

manque à la Haute-Marne et que pour le minerai de fer, en
particulier, elle est en tête de tous nos départements. Maintenant, que nous montre la surface du sol ? Une des régions les
mieux arrosées de toute la France, une des mieux boisées, et
dans les forêts de laquelle croissent les bois propres au bâtiment, au charronnage, à la menuiserie, à la grosse ébénisterie,
à la batellerie, à la fabrication du charbon, etc. Cela donné,
le reste va de soi.

L'industrie métallurgique ne date pas de l'époque où en
même temps que l'immortel Watt transformait la vapeur en
moteur universel, d'illustres ingénieurs anglais et écossais
opéraient la substitution de la houille au bois dans la réduction du minerai. Et il est clair que là où le minerai est répandu
à profusion, où le combustible est accumulé dans d'immenses
forêts, où la force motrice s'offre sous forme de nombreux cours
d'eau; la production de la fonte et du fer doit être à la fois une
industrie très-ancienne et une industrie très-importante. Il n'est
pas moins évident qu'à côté des usines qui produisent le fer et
la fonte, les industries dont ces matériaux forment la matière
première et qui les façonnent en ouvrages de toutes sortes, ont
dû venir se grouper. Et ni la statistique qui nous donne la
chiffre exact des hauts-fourneaux, des fourneaux à marchandises, des wilkinsons, des trains de laminoirs, des marteaux,
des tréfileries, des pointeries, des fabriques de chaînes, de
ferronnerie, de quincaillerie, de serrurerie, de meubles en
fer et des établissements de coutellerie qui existent dans la
Haute-Marne; ni la carte de M. O. Saupique nous permettant,
au moyen de signes conventionnels, d'embrasser tous ces détails dans une vue synoptique, ne sauraient nous causer de
surprise. Cette carte ne fait encore que confirmer nos prévisions, quand elle nous montre suivant quelle progression rapide la plupart de ces usines et de ces fabriques croissent en
nombre à mesure qu'on s'avance vers le nord du département;
le nombre et la richesse des minières ne croissent-elles pas de
la même façon et dans la même direction? Enfin, sachant de
quelles localités s'extraient les meules à aiguiser les plus esti-

mées, nous sommes également en mesure de dire où se sont groupés les ateliers de coutellerie et de taillanderie.

Quand une contrée est riche en cours d'eau, et en eaux que leurs qualités spéciales rendent propres à la préparation des cuirs, quand en même temps les forêts dont cette contrée est en partie couverte produisent en abondance l'arbre dont l'écorce donne du tan; il n'est pas besoin d'une grande pénétration pour prévoir que la tannerie sera au nombre des principales industries de cette contrée.

Et si la même région produit avec le chêne; le hêtre, l'orme, l'érable, le frêne, le charme, le tremble, le peuplier, l'aulne, le bouleau, le saule, le tilleul; on ne s'avance pas beaucoup en affirmant que les sciages, la charpenterie, le charronage, l'ébénisterie commune, la construction des barques, la vannerie et la boissellerie y seront en honneur.

Enfin de l'étude du sol et de celle de la surface nous déduirions aisément que les bois, les pierres de taille et les pierres à aiguiser, les fers et la fonte, la coutellerie et la taillanderie, les cuirs doivent former les principaux articles d'exportation du département.

Nous pourrions même pousser la prévision plus loin. Comme si le fer, le plus noble des métaux, puisqu'il est le plus utile, communiquait de sa vertu à ceux qui le travaillent; d'excellents observateurs ont remarqué, qu'entre tous les ouvriers, ceux-ci se distinguent par leurs qualités viriles. Les inductions favorables à la Haute-Marne, que nous serions tentés de déduire de cette observation générale, ne seraient pas infirmés par les faits ; ce département n'est-il pas un de ceux où l'instruction primaire est la plus florissante, où les attentats contre les personnes et contre les propriétés sont les moins fréquents?

Les considérations dans lesquelles on vient d'entrer ne peuvent qu'accroître l'intérêt qui s'attache à la belle carte géologique du département de la Haute-Marne, qui est un des principaux ornements de l'Exposition. Je dis la carte et je me trompe, il y en a deux, de même format, l'une et l'autre imprimées à l'imprimerie impériale, et à chacune desquelles convient également l'épithète élogieuse dont nous venons de nous servir.

L'une de ces cartes a été en partie exécutée par feu M. Duhamel, alors ingénieur en chef des mines de l'arrondissement de Chaumont; il y travailla de 1837 à 1851. L'ayant commencée sur la carte de Cassini, la seule suffisamment détaillée qui existât alors pour le département de la Haute-Marne, il avait entrepris de transporter son travail sur la carte de l'État-Major quand la mort est venu le frapper. Chargés de compléter l'œuvre de cet éminent ingénieur, deux savants géologues, MM. Élie de Beaumont et de Chancourtois, tous deux professeurs à l'École des Mines, ont achevé de reporter sur la carte de l'État-Major le travail de leur confrère; ils y ont ajouté les principaux détails que comporte le tracé topographique de cette carte, et dans ce but ils se sont livrés, de 1852 à 1853, à des études supplémentaires faites sur le terrain; enfin c'est par leurs soins que cet utile document vient d'être publié.

L'autre carte est le résultat de la collaboration de deux géologues de la Haute-Marne, que l'amour du pays, aussi bien que le dévouement à la science, a soutenu dans cette longue et difficile entreprise. L'un est un maître-de-forges, M. Royer, de Cirey, ancien compagnon de M. Duhamel, dans ses courses autour de Wassy; l'autre est M. Barotte.

Nous ne sommes pas encore en mesure d'établir un parallèle approfondi entre ces deux cartes, mais nous pouvons constater que la seconde paraît la plus riche en détails; ainsi, pour nous en tenir à ce point, les trois étages jurassiques y sont représentés par seize teintes, tandis qu'ils sont représentés par sept teintes seulement sur la carte de M. Duhamel, mais cette dernière, grâce aux travaux et aux découvertes des savants continuateurs, met en relief une loi d'une très-grande importance pratique, celle de la distribution des minières sur des lignes parallèles aux directions de dislocations, ou d'inflexions des terrains. Cette loi fournit un principe pour la recherche des **nouveaux gîtes,** qu'on a tout espoir de rencontrer sur les alignements tracés à partir des gîtes connus, dans les directions indiquées, et particulièrement aux intersections de ces lignes.

Après la science pure, la science unie à la charité! Quel visiteur, s'il n'était averti, daignerait s'arrêter devant cette nappe et cette aube brodées, ces tapis en tissu, ces paillassons, ces souliers et cette rouanne? Ce n'est pas que la confection n'en soit convenable; mais de si humbles produits ne sont pas de ceux dont on vient chercher le spectacle aux Expositions. Mais quel visiteur, sachant de quelles mains sont sortis ces modestes ouvrages, ne sentira son intérêt vivement excité. Toutes ces choses, en effet, et, de plus, des fruits, des légumes, des graines alimentaires, exposés parmi les produits agricoles, sortent d'une usine étrange, et sont l'œuvre d'une étrange espèce d'ouvriers. Les ouvriers sont des aliénés, l'usine est l'asile de Saint-Dizier. Quoi! ces choses correctes, et qui soutiennent la comparaison avec les produits similaires que l'industrie générale livre à la consommation, sont l'œuvre de mains qu'une raison ne guide pas? oui, cette rouanne est d'un serrurier aliéné; ces fruits et ces légumes proviennent d'un jardin cultivé par des aliénés. Dirigés avec intelligence, avec affection, ces malheureux se rendent utiles, et, loin d'échapper, par leur dégradation, à la loi de solidarité, en étant utiles, ils se rendent à eux-mêmes le plus grand service; car, parmi les moyens curatifs de l'aliénation, le travail est l'un des plus efficaces. « Occuper sans cesse l'attention d'un aliéné, partager le temps de la journée entre le travail, soit manuel, soit intellectuel, ne pas lui laisser le loisir de se livrer à ses idées fausses et délirantes, mais chercher, au contraire, à les fixer sur des réalités, telle est la base de tout traitement bien entendu. « Ainsi s'exprime le médecin savant et dévoué qui dirige l'asile des aliénés de Saint-Dizier, M. Guérin du Grandlaunay (1), et il règle sa conduite sur ce principe. L'adoucissement du sort d'un grand

____

(1) Compte moral, administratif et médical pour l'année 1858, in-4°, Saint-Dizier 1858.

nombre d'infortunés, la guérison de quelques-uns, tels sont les résultats de cette intelligente méthode.

XI

Si nous avons maintenant le droit de prendre congé de la Haute-Marne, nous n'avons pas pour cela achevé de parcourir l'Exposition, et, bien qu'on ne puisse exiger que chaque chose trouve une place dans une revue, qui, étant générale, exclut beaucoup de détails, il est un certain nombre d'objets devant lesquels nous n'avons pas eu encore occasion de nous arrêter et qu'on ne nous pardonnerait pas de ne point faire figurer dans cette introduction. Telles sont les machines à coudre, autour desquelles la foule, justement émerveillée, ne cesse de se presser, et qu'exposent quatre maisons différentes : MM. CALLEBAUT, GOODWIN, LEJEUNE et VALLAS, tous les trois de Paris, et M. LEDUC, de Troyes ; tels sont les numéroteurs mécaniques de M. Auguste TROUILLET, si ingénieux, et d'un emploi si sûr ; la mécanique à tailler les gants, de MM. TRÉFOUSSE, HERZ et Cie, mécanique d'une telle simplicité, qu'une seule chose étonne à son aspect, c'est qu'on ne l'emploie pas depuis qu'on fait des gants ; l'assortiment de machines-outils, exposé par MM. DICKHOFF, et qu'il destine spécialement aux ateliers d'entretien et de réparation des forges, des filatures et des papeteries ; la soufflerie pour hauts-fourneaux, de MM. RUCHET, VONWILLER et SEILER, soufflerie sans pistons, sans soupapes, sans autre frottement que celui des tourillons, et qui fournit un jet d'air continu, à la pression qu'on désire ; les beaux appareils construits par MM. HERMANN LACHAPELLE et GLOVER, et au moyen desquels un seul homme peut fabriquer en une journée une quantité considérable d'eau de Seltz et de boissons gazeuses, à un prix de revient insignifiant ; les appareils pour distillation, de M. ÉGROT fils ; la machine à concasser le sucre, de M. Paul COURTAT, et la machine à scier le sucre, de MM. GRANDGIRARD et PILLOT.

Enfin, s'il fallait absolument que l'Exposition toute entière entrât dans ce premier article, nous devrions nous hâter de mentionner les ingénieuses forges portatives à ventilateur de M. P. Brun, de Lyon, les puissantes forges portatives à soufflet cylindrique de Mme Ve Enfer et ses fils, de Paris; les excellentes forges de M. Leriche-Meurant, à Charleville; les enclumes de M. Cornette dont la fabrique, remontant à 1775, est une des plus anciennes de France; les marteaux de moulins de MM. Jeanson père et fils; les grilles proportionnelles pour fourneaux de chaudière construites par P. Alexandre, à Troyes, et nommées proportionnelles parce que la distance entre les barreaux varie suivant le combustible employé; le régulateur à déclic pour machine à vapeur de vingt chevaux exposé par M. Dickhoff, l'habile constructeur déjà tant de fois cité; les dynamomètres de MM. Léon Desbordes et Edme Rondault, les chaudières pour brasseur que M. Ch. Munier, de Metz, surmontant les difficultés qui obligeaient à les faire en cuivre, établit en tôle; les clapets modérateurs à hélice de M. Bezcat; les presses hydrauliques jumelles avec pompe et bac pour la fabrication de l'huile, par MM. Burguy et Cabassol; le dynamomètre de M. Rouch, indiquant la force, l'élasticité et la torsion de la chaîne destinée au tissage; le régulateur perfectionné à l'usage des ouvriers tisseurs, de M. Ferdinand Broyon, de Reims; la machine à rogner le papier de M. Boildieu; les excellents cordages boyaudés que MM. Grenier et Arnould proposent de substituer aux cordages goudronnés; la boîte à lait de M. Boulanger qui est une véritable boîte de sûreté; l'urinoir-philtre de M. Céleste Duval, innovation également importante au point de vue de la production agricole et au point de vue de l'hygiène publique; les épreuves typographiques qu'expose M. Constantin fils, fondeur en caractères et qui témoignent de l'excellence des matières premières qu'il emploie et du fini des types qu'il fabrique; les incomparables toiles métalliques en laiton et en fer de M. J. Weber, à Nancy; les puissantes courroies pour transmission de mouvement que fabriquent M. Lacloche, à Saint-Dizier, et M. Scellot, à Paris, et entr'autres une partie de courroie destinée à un laminoir dont la largeur est de 33 centimètres, l'épaisseur de 15 millimètres et dont la longueur sera de plus de 30 mètres ; les bois comprimés pour jantes, chevilles de chemin de fer, manches d'outils de M. POMBLA, bois qui ont perdu 30 à 42 pour 100 de leur volume, et acquis une résistance énorme, etc., etc., etc.

Et, après cette sèche énumération, nous vanterons-nous de n'avoir rien omis? Loin de là! Mais, heureusement, on n'exige pas de nous qu'ayant à peine commencé nous ayons déjà fini, et que l'ouvrage tout entier entre dans son introduction. On accordera volontiers que la journée du 16 septembre, qui nous a fourni les notes qu'on vient de lire, a été une journée assez bien remplie, et l'on nous permettra d'en arrêter ici le compte-rendu. Que nous proposions-nous dans ce premier article? D'étudier à fond l'Exposition? Non, certes, mais de prendre une idée de l'étendue du champ que nous avons à parcourir. Cette idée est acquise. Il est visible que les sujets d'étude ne nous manqueront pas. Sans plus tarder, livrons-nous donc à cette étude, et reprenons en particulier, dans autant de notices spéciales, chacune des choses qui méritent que des notices spéciales leur soient consacrées. Ce sera l'objet de la seconde partie de cet ouvrage.

L'Exposition a marché plus vite que nous ; tandis que notre travail n'en est encore qu'à l'introduction, l'heure de la clôture a sonné pour elle. La distribution des récompenses a eu lieu le 15 octobre. La liste de ces récompenses se place naturellement après ce qui précède. Nous la donnerons donc immédiatement, en la faisant précéder de la liste du Jury.

JURY DE L'EXPOSITION

MM.

ALCAN, professeur au Conservatoire impérial des Arts et Métiers, à Paris.

BARRAL, directeur du *Journal d'Agriculture*, etc., à Paris.

BARBIER, ingénieur agricole, directeur de l'*Office central d'agriculture*, à Paris.

BARROUX, ingénieur des chemins de fer de l'Est, à Bar-sur-Seine.

BOMPART (Henri), membre de la Chambre de commerce, ancien manufacturier, à Bar-le-Duc.

BOURDON, avocat, secrétaire général de l'Exposition, à Saint-Dizier.

BOURCERET, ancien maître-de-forges, à Eurville.

CHAUVELOT, professeur d'arboriculture, à Besançon.

COUVREUX-VICHARD, maire, ancien négociant en coutellerie, à Nogent.

CHARRIÈRE, fabricant d'instruments de chirurgie, à Paris.

DUFEUX (Constant), membre de l'Institut, architecte de la maison de l'Empereur.

Directeur (le) de l'École des Arts et Métiers, à Châlons.

DOÉ, membre du Conseil général, maître-de-forges, à Chamouilley.

DROUOT, ingénieur en chef des mines, à Chaumont.

FAIEX, manufacturier, à Paris.

FISBACQ, architecte de la ville, à Saint-Dizier.

GAUDRY, ingénieur des chemins de fer de l'Est, à Paris.

GIRARD, ingénieur civil, ancien directeur de forges, architecte, à Langres.

GODINET, maire et président de la Société d'horticulture, à Chaumont.

GOSSIN, professeur d'agriculture, à Beauvais.

GUYOT, docteur en médecine, à Paris.

HARIOT, chimiste à Méry (Aube).

HENRIOT, ingénieur en chef des ponts-et-chaussées, à Chaumont.

JOBARD, directeur du Musée industriel, à Bruxelles (Belgique).

LADREY, professeur de chimie à la Faculté des Sciences, à Dijon.

LAHÉRARD, arboriculteur, à Vesoul.

LADMIRAL, horticulteur, à Chaumont.

LESPERUT (le baron de), député de la Haute-Marne, à Eurville.

MAHUET, ancien commissionnaire en bois, maire, à Saint-Dizier.

MEUNIER (Victor), rédacteur du *Siècle* et de la *Presse scientifique des Deux-Mondes*, à Paris.

MILLON, agriculteur, député de la Meuse, à Bar-le-Duc.

MENISSON (de), propriétaire, à Saint-Dizier.

PERRON, chef de division au ministère d'État, directeur général de la Compagnie d'assurances agricoles, à Paris.

PETIN, de la maison Petin et Gaudet, à Paris.

PINARD, manufacturier, à Paris.

TEISSIER, manufacturier, à Paris.

TRESCA, sous-directeur du Conservatoire impérial des Arts et Métiers, à Paris.

TISSERAND, vice-secrétaire de la Société d'Horticulture de la Haute-Marne, à Chaumont.

SALVETAT, ingénieur en chef des travaux céramiques à la manufacture impériale de Sèvres,

VILLEMIN, ingénieur du chemin de fer de l'Est, à Epernay.

WALFERDIN, membre associé de l'Académie des Sciences, à Paris.

DISTRIBUTION DES RÉCOMPENSES

PREMIÈRE CLASSE — Beaux-Arts

Médaille de vermeil

PERNOT, chevalier de la Légion-d'Honneur, artiste peintre à Vassy. Dessins d'objets d'art religieux exécutés dans les trésors des cathédrales. Vues de monuments historiques. Architecture ancienne.

Médaille de bronze

MARCHAL', sculpteur à Saint-Dizier. Bas-relief en plâtre représentant les anges intercesseurs.

DEUXIÈME CLASSE — Beaux-Arts industriels

Médaille d'argent de première classe

POIRSON, rue Saint-Sébastien, 59, à Paris. Cadre en noyer sculpté.

Médaille d'argent de deuxième classe

BLOT, Eugène. Statuaire à Boulogne-sur-Mer. Groupe de statuettes en terre cuite. Statuettes en terre cuite.

GEISSENGER, ébéniste à Eclaron. Buffet surmonté d'une bibliothèque genre Henri IV, sculpté au ciseau, sans poli ni verni. Boîte à gants.

GÉGNON, à Troyes. Galvanoplastie.

LETU et MAUGER, à Villenauxe (Aube). Porcelaines fines, vases, statuettes. Académies de femme, statues de la Vierge.

Médaille de bronze

BOUTEVILLAIN, à Vecqueville. Statuettes obtenues par la galvanoplastie. Objets dorés et argentés par l'électro-chimie.

Mention honorable

CHENET, à Vitry-le-François (Marne). Bas-reliefs en pierre.

TROISIÈME CLASSE — Instruments de musique

Médaille d'argent de première classe

MANGEOT, Victor, facteur de pianos à Bar-le-Duc. Pianos droits.

Médaille de deuxième classe

HENRY et MARTIN, rue de Rivoli, 73, à Paris. Seize instruments de musique. Piano droit.

Médaille de bronze

J.-J. HENSEL, facteur de pianos, 14, rue des Saussaies, faubourg Saint-Honoré, à Paris. Piano droit.

LOISON, à Verdun (Meuse). Pupitres se renfermant dans une tige de bois de quatre centimètres et demi d'épaisseur.

QUATRIÈME CLASSE — Dessin appliqué à l'industrie. Imprimerie, reliure, etc.

Médaille d'argent de première classe

COSSON, Gustave, photographe au Mans (Sarthe). Portraits.

DARLOT et CADY, photographes, rue d'Angoulème-du-Temple, 47, à Paris. Photographies sur papier, sur verre. Portraits. Vues et fleurs.

PETIT, Victor, photographe à Langres. Vues de la Haute-Marne. Vues de la Suisse. Vues stéréoscopiques. Cartes de visite. Portraits.

Médaille d'argent de deuxième classe

E. CAFFÉ, imprimeur à Troyes. Album pittoresque et monumental de l'Aube. Monuments de Seine-et-Marne. Le Bibliophile troyen. Tableau d'ouvrages en lithographie.

CHAURÉ, libraire à Vitry-le-François. Casier orthographique pour l'instruction élémentaire.

THIVET et CUMINET, à Bar-le-Duc (Meuse). Registres.

Médaille de bronze

Saupique-Chilot, libraire à Saint-Dizier. Reliure. Encadrements.

L. Simonet, relieur à Vitry-le-François. Reliure.

CINQUIÈME CLASSE — Ameublement & décoration

Médaille d'argent de deuxième classe

Turquetil et Malzard, boulevard du Prince-Eugène, 180, à Paris. Papiers peints.

Millot-Gérard, à Saint-Dizier. Mesures. Seaux.

Trumaux-Maîtrot, marchand vannier à Saint-Dizier. Berceaux, voiture en osier, paniers.

Médaille de bronze

Loremy et Grisey, rue de Charonne, 102, à Paris. Baguettes et moulures pour tentures et encadrements.

Martine, tapissier à Saint-Dizier. Meubles (quatre fauteuils). Tenture.

Goujeat-Dandeu, à Saint-Dizier. Seaux en bois.

Mention honorable

Bourlon (Anatole), fabricant de chaises à Saint-Dizier. Chaises.

Colas, rue de Savonnières, à Bar-le-Duc. Pendule en bois rustique, chaise en bois rustique, tableaux en bois rustique.

Lafauche, ébéniste à Saint-Dizier. Armoire en acajou à pans coupés.

Major, tapissier à Vassy (Haute-Marne). Glaces, fauteuils, tentures.

F. Pasquier-Gallois, à Perthes (Haute-Marne). Paillassons de salon.

Paymal-David, ébéniste à Saint-Dizier. Meubles.

Reybet-Huet, tapissier à Saint-Dizier. Meubles.

Cosson-Porcherot, à Saint-Dizier. Seaux en bois.

Goujeat-Goujeat, à Saint-Dizier. Seaux en bois.

Goujeat-Paymal, à Saint-Dizier. Seaux en bois.

SIXIÈME CLASSE — Tissus & articles de vêtements

Médaille d'honneur

J. Tréfousse, Herz et Cie, à Paris, Chaumont et New-York. Mégisserie, ganterie, caoutchouc, albumine, cartonnerie de gants.

Médaille de vermeil

CAILLARD (Eugène), à Bar-le-Duc. Tissus divers, laine, coton, soie, genre classique et nouveauté.

CALLEBAUT, rue de Choiseul, à Paris. Machines à coudre.

Médaille d'argent de première classe

LEFÈVRE (Claude-Aubin-François), fabricant de tissus à Bar-le-Duc. Tissus en laine et coton.

YVON-BAUDIN, manufacturier à Bar-le-Duc. Tissus coton, fil et laine.

G. BELLER, à Metz. Pelleterie et fourrures.

Médaille d'argent de deuxième classe

DELAMOTTE et FAILLE, à Reims, et SAUTRET fils, fabricant de tissus mérinos à Betheniville (Marne). Teinture, apprêts. Tissus.

GUYOT-MARET et Cie, à Bar-le-Duc. Tricots circulaires en coton. Tissus perfectionnés.

MAX, à Reims. Châles. Flanelles. Satin.

VERJOT-GOMIER, fabricant de bonneterie aux Châtres (Aube). Chaussettes et bas.

GOODWIN, faubourg Montmartre, 4, à Paris. Machines à coudre.

Médaille de bronze

FERLIN-DESROZIERS, fabricant de sabots-souliers, à Avize (Marne). Sabots-souliers.

LEMPEREUR-CHATELAIN, fabricant de chapeaux à Chaumont (Haute-Marne). Chapeaux de feutre. Botte de feutre.

Mlle MICHEL, Mathilde, à Chaumont (Haute-Marne). Col au crochet. Dessus de lit au crochet.

L'OUVROIR, de Saint-Dizier. Chemise confectionnée. Camisole confectionnée.

LEJEUNE et VALLAS, 41, rue du Temple, à Paris. Deux machines à coudre.

Mention honorable

ABLER, fabricant de chaussures à Paris, rue Saint-Honoré, 205. Chaussures.

BILLIARD, fabricant de sabots à Villenauxe (Aube). Sabots-souliers.

BONTEMPS-SOEURS et CAMUS-BONTEMPS, à Châlons-sur-Marne. Chapeaux. Capotes. Corsets.

DARDE, coiffeur à Chaumont (Haute-Marne). Perruque.

Ferry-Curé, à Perthes (Haute-Marne). Chapeaux de paille.

Gagnon-Renaux et Soeurs, à Vitry-le-François. Capottes et capelines.

SEPTIÈME CLASSE — Horlogerie. Orfévrerie et instruments de précision

Médaille d'argent de première classe

Billaudel, à Sermaize-sur-Saulx (Marne). Ressorts d'horlogerie.

Médaille d'argent de deuxième classe.

Foucault-Louvrier, à Saint-Dizier. Horloge solaire.

Jazeron (Polydore), à Vertus (Marne). Système d'horlogerie breveté.

Médaille de bronze.

Lavocat, horloger à Saint-Dizier. Horlogerie. Bijouterie. Réveil-matin.

Mention honorable.

Blouquin, représentant de la compagnie d'horlogerie de Genève, à Vaux-sur-Blaise (Haute-Marne). Articles des fabriques de Genève et de la Suisse. Montres. Cartels. Bijouterie. Tabatières. Jouets-Musiques.

Laferrière, horloger à Saint-Dizier. Horlogerie. Bijouterie.

E. Masselotte fils, 12, rue Neuve-Saint-Pierre, Paris. Orfévrerie de table.

HUITIÈME CLASSE — Industrie des métaux

Médaille d'honneur

Bonnor, Degrond et Cie, à Eurville. Fers laminés.

Durenne, Zégut et Petit, à Sommevoire (Hte-Marne). Fontes moulées.

Jacquot frères et neveux; maîtres-de-forges à Rachecourt-sur-Marne. Fers.

Salin, Lasson et Cie, à Abainville (Meuse). Fers.

Salin, Lasson et Cie, à Bussy (Haute-Marne). Cylindres de laminoir trempés.

H. Vivaux et Cie, maîtres-de-forges à Dammarie (Meuse). Fontes mécaniques.

Médaille d'Or

André, Hippolyte, à Cousances (Meuse). Poterie.

Barbezat et Cⁱᵉ, au Val-d'Osne (Haute-Marne). Statues.

De Bonnecaze, à Froncles (Haute-Marne). Feuilles de tôle.

De Menisson et Cⁱᵉ, à Saint-Dizier. Fontes à refondre.

Guerre fils, à Langres. Coutellerie.

Mareschal-Girard, à Nogent. Coutellerie.

Dyckoff, constructeur de machines à Bar-le-Duc. Machine à raboter les métaux, machine à percer les métaux, support fixe pour tour parallèle ou tour ordinaire.

Joubert, Guillomot, Guérin et Cⁱᵉ, négociants à Paris, rue de la Roquette, 19. Lits en fer, volières, chaises et bancs de jardin, grilles.

Médaille de vermeil

Bonnor jeune, à Donjeux. Fer feuillard.

Bonnor, Malgras et Cⁱᵉ, maîtres-de-forges à Saint-Dizier. Fers laminés.

Colas frères, à Montiers-sur-Saulx. Ornements en fonte, statues.

Dormoy (Ferdinand) et Cⁱᵉ, maîtres de forges à Rimaucourt. Fers laminés, essieux, tampons.

Douriez et Legros, à Roche-sur-Rognon (Haute-Marne). Fers spéciaux.

Lavocat et Cⁱᵉ, à Bologne (Haute-Marne). Socs de charrues, pièces de wagons.

Dormoy, à Autigny-le-Petit. Outils, taillanderie.

Mericant, coutelier, boulevard Saint-Martin, 49, à Paris. Instruments de chirurgie vétérinaire.

Thuillier-Lefrant, à Nogent-le-Roi (Haute-Marne).

Monier et Cⁱᵉ, 5, rue du Grand-Chantier, à Paris. Nouveaux becs en cristal athermiques pour l'éclairage.

Français, Fauconnier et Cⁱᵉ, à Lamarche (Vosges). Ustensiles de ferblanc, zinc et tôle, fabriqués par procédés mécaniques.

Joubert, Guillemot et Cⁱᵉ, à Saint-Dizier (Haute-Marne). Ferronnerie.

Lesquivin, rue Sedan, 11, à Paris et à Saint-Dizier.

Médaille d'argent de première classe

Adam, Drouot et Cⁱᵉ, à Saint-Dizier, Fers laminés.

Le comte Henri de Beurges, à Écot. Fers de forges de Manois.

Danelle frères, maîtres-de-forges au Buisson, par Vassy (Haute-Marne). Fer martelé.

Lebachellé et De Chanlaire, à Dommartin-le-Franc. Fontes moulées.

MUEL, WAHL et Cie, à Tusey (Meuse). Fonte moulée en ornements, plaques de cheminées. Fonte pour construction, etc.

RIGNY et MAYEUR, à Cousances-aux-Forges (Meuse). Fontes moulées.

GEORGES frères, à Biesles. Coutellerie.

NAUDIN, armurier à Saint-Dizier. Armes.

OZENNE-MOUGINOT, fabricant de limes à Breuvannes (Haute-Marne). Limes retaillées.

ROZE-PIERRON, fabricant de coutellerie à Saint-Dizier. Objets de coutellerie.

KNAB et Cie, rue Rougemont, 5, à Paris. Appareil d'éclairage à l'huile de houille.

SCHMITT, à Epernay (Marne). Appareil de cheminée.

ZANI frères, à Chaumont. Appareil de calorifère.

FERON et DUBOIS. Ferronnerie.

GOUSSEL jeune (Joseph), à Metz. Cloches.

LECLERC, à Saint-Dizier (Haute-Marne). Meubles en fer.

BONNOR, DEGROND et Cie, d'Eurville. Charbon de bois.

BECQUEY, maître de forges à Marnaval. Fers martelés.

BOUCHER, à Fumay (Ardennes). Fonte argentine.

DESFORGES, BROCHON et FESTUGIÈRES, à Brousseval. Fontes moulées d'ornement.

GLAVET, MORLOT et Cie, de Saucourt. Fers martelés, essieux.

DUHESME, DE FLIZE et BOUTANCOURT. Aciers.

LALLEMAND et RIVART, de Stenay. Fers de divers échantillons.

DE MAUPAS, de Thonnances-les-Moulins. Fers martelés.

OVIDE-MARTIN, de Paris et Dommartin-le-Franc. Ornements en fonte.

PETIT, d'Olisy-sur-Thiers, près Stenay. Pelles en fer.

Jules VIRY et Cie, d'Allichamps. Poterie et mécanique.

BERNARD, de Poulangy. Coutellerie.

TABORIN, de Paris. Limes.

Veuve ENFER et fils, de Paris. Machine soufflante, etc.

DE TRICORNET, de Farincourt. Fourneaux de cuisine.

GITS frères, de Saint-Dizier. Chaînes.

HACHETTE, de Saint-Dizier. Mécanisme.

Médaille d'argent de deuxième classe

HUBERT jeune et fils, de Charleville. Clouterie.

MINOT, de Saint-Dizier. Chaînes.

VINCENT-FERON, de Saint-Dizier. Fil de fer et chaînes.

J. WEBER, de Nancy. Tissus métalliques.

VARNIER, Gabriel, de Saint-Dizier. Fabrication de coke.

Médaille de bronze

BOITEUX, de Serqueux. Taillanderie.
BOURGEOIS-RUIZ, de Romain-sur-Meuse. Coutellerie.
BRENE-GUILLEMIN, de Damremont. Coutellerie variée.
RÉMONGIN, de Vicq. Serpettes.
GIRARD, Marcellin, de Nogent. Emeri, cuirs à rasoirs, etc.
SOMMELET, de Laimont. Coutellerie.
BRUN, de Lyon, Forges portatives à ventilateur.
CORNEAU frères, de Charleville. Appareils de chauffage.
DEMY-ALIPS, de Saint-Dizier. Appareils-calorifères.
LERICHE-MEURANT, de Charleville. Forges portatives.
MARIS, de Paris. Lampes à schiste.
CORNETTE, de Metz. Enclumes.
LEROY, de Saint-Dizier. Tissus métalliques.
J.-P. VILLEMOTTE, de Metz. Etaux.
LACOMBE-MAUGERY, de Saint-Dizier. Houilles et cokes.
VIVENOT-LAMI et fils, de Nancy. Minerais et fonte.

Mentions honorables

LEBEUF, de Romain-sur-Meuse. Coutellerie.
BOULANGER, de Paris. Lampe économique.
DEFIENNE et LEROUX, de Paris. Fourneau.
ROBERT-GALLAND et Cⁱᵉ, de Dieppe. Éclairage minéral.
BONNAMY, de Saint-Dizier. Filière.
DINEY-MASSON, de Saint-Dizier. Engrenage.
HUIN, de Joinville. Tuyère.
LALLEMANT, d'Eurville. Outillage.
BADET-RUOTTE, de Provenchères. Meules à aiguiser.

NEUVIÈME CLASSE — Médecine et Histoire naturelle

Médaille de vermeil

CONTE, de Saint-Dizier. Fers de cheval et instruments de vétérinaire.

Médaille d'argent de première classe

RABIOT, rue Serpente, Paris. Lit mécanique.

Médaille de bronze

DUGRELLOT-CARTRY, de Metz. Animaux empaillés.
DESCOT, de Bar-le-Duc. Dents.
C. DUVAL, de Grenelle. Urinaire-philtre.

Médaille de bronze

MASSELOT, de Mertrud. Têtes d'animaux empaillés.

Mentions honorables

BEURY, de Saint-Dizier. Anneau pour maîtriser le taureau.
CHARNOT, de Chaumont. Fers à cheval.
Léon DESBORDES et Cie, de Paris. Appareils de sûreté.
GALLOIS, de Saint-Dizier. Fers à cheval.

DIXIÈME CLASSE — Arts chimiques et industriels en dépendant

Médaille d'or

UTZSCHNEIDER et Cie. Cailloutage, porcelaines.

Médaille de vermeil

MALLET, de Paris. Sulfate d'ammoniaque.
WALLER et Cie, de Nogent-le-Roi. Cuirs.

Médaille d'argent de première classe

DESCHAMPS, de Jean-d'Heurs (Meuse). Bleu.
JACQUEMARD et Cie, de Paris. Vernis.
DUBÉ-LOMBARD, de Stainville. Cuirs.
GODARD-DUBE, de Chaumont. Cuirs.
NEVEU-CAMPIGNEULLE, de Sermaize. Cuirs.
BOCQUILLON frères, de Vendeudre-sur-Barre. Briques réfractaires.

Médaille d'argent de deuxième classe

MÉNETREL, de Joinville. Noir d'ébène et de Chine à harnais.
VAQUIER, de Paris. Vernis.
CABARAT, de Bar-sur-Aube. Cuirs.
LACLOCHE frères, de Saint-Dizier. Courroies de mécaniques.
SCELLOS, de Paris, Courroies de mécaniques.
MAUPAS et SCHLAISSE, de Bar-le-Duc. Tuiles.
MIELLE et Cie, de Radonville. Poterie.

Médaille de bronze

DEMANGEOT et Cie, de Paris. Procédés d'ininflammabilité.
LAURIN, de Ligny. Bougies et Chandelles.
QUINET et THOMAS, de Venvey-sur-Ource. Produits chimiques.
LEBON-VINCHON, de Montier-en-Der. Cuirs.
DOUZAIN, de Bruley. Tuiles.
NEUKOMM, Mont-Plaisir. Tuyaux de drainage.

Mentions honorables

BAUBE, de Paris. Vernis pour cuivre, etc.

Veuve BRIQUET-MAYEUR, de Saint-Dizier. Huile de colza épurée.

LEBOEUF et Cⁱᵉ, de Paris. Poudre pour les vins et eaux-de-vie.

BURET-DESANLIS et LEBON, de Saint-Dizier. Cuirs.

COURTOIS-AMOUR, de Gourzon. Briques.

JEANSON, de Louvemont. Briques et sables.

LECLERC, de Saint-Dizier. Briques et tuiles.

RIEUL-DELACOURT, de Cousancelles. Briques, sable et terre.

TREMAUX-CHOPPIN, de Saint-Dizier. Porcelaines.

ONZIÈME CLASSE — Substances alimentaires

Médaille d'or

DE CASANOVE, d'Avize. Vins de Champagne.

GIRARD fils, de Chorey. Vins de la Côte-d'Or.

Médaille de vermeil

BURGUY et CABOSSEL, de Bar-le-Duc. Presses à huile.

Médaille d'argent de première classe

SAUCEROTTE et Cⁱᵉ, de Lunéville. Fruits et légumes conservés.

EGROT fils, de Paris. Appareils de distillation.

Médaille d'argent de deuxième classe

AUBERTIN et Cⁱᵉ, de Fagnières. Vin crémant.

BECQUEY, de Marnaval. Vins, kirsch et eau-de-vie.

EUILLOT-ROBERT, d'Ancerville. Kirsch.

HENRY et MORIZE, de Beaune. Vins de la Côte-d'Or.

LECOMTE et TEYSSANDIER, d'Avize. Vins de Champagne.

A. DE LUZE, de Bordeaux. Vins.

DELETTRE-COURTOIS, d'Arc-en-Barrois. Fruits conservés.

BARDON, de Paris. Porte-bouteilles.

Médaille de bronze

DURY, de Chaumont. Pain d'épices.

GREMAILLY, de Dijon. Tablettes à bonbons, etc.

MARTINET, de Saint-Dizier. Pain.

ALBERT, de Toul. Vins.

AMBLARD jeune, de Metz. Vins.

BURGEAT-BAILLY, de Chevillon. Liqueurs et sirops.

JEANNINE, de Langres. Vinaigre.

OURIET, de Châlons-sur-Marne. Vins de Champagne.

PITANCIER et PERRIER, de Troyes. Élixir, liqueurs, etc.

RENARD-ROBERT, de Saint-Dizier. Bières.

TEYSSANDIER et LAUBARÈDE, de Chaumont. Vins fins.
CHALOPIN, de Paris. Fausset hydraulique, etc.
HERMANN-LACHAPELLE et GLOVER, de Paris. Appareil à eau de seltz.

Mentions honorables

COURAGEOT, de Châtillon-sur-Seine. Biscuits.
GRUET-MATHIEU, de Nancy. Amidon, semoule et farine.
BAUDOT-LACOUR, de Bar-le-Duc. Vin blanc de Bar.
COLLIN, de Troyes. Bières et vins.
DEBOURG et Cie, de Troyes. Liqueurs, absinthe, etc.
Ve KAUFFMANN, de Neuchâteau. Curaçao et vin.
LACOUR-SAULNIER, de Bar-le-Duc. Vin de Bar.
MARIN, de Troyes. Sirops.
MÉRION, de Bar-le-Duc. Vins de Bar mousseux.
Henry MARCHAND, de Bar-le-Duc. Eau-de-vie.
PICOU, de Paris. Liqueurs et conserves de fruits.
POIRSON, Louis, de Bar-le-Duc. Limonades et eaux gazeuses.
SUCHARD, de Vassy. Liqueur.
WISS, de Paris. Liqueur.
GUÉRIN, de Saint-Dizier. Moutarde.
GUILLIÉE père, de Noncourt. Bouilloire.
WILD, de Strasbourg. Enveloppes de bouteilles.

DOUZIÈME CLASSE — Agriculture et Horticulture

Agriculture

Médaille d'or

Élie DE BEAUMONT et de CHAMPCOURTOIS, de Paris. Carte géologique de la Haute-Marne.
ROYER, de Cirey-sur-Blaise, et BABOTTE, de Brachay. Carte géologique de la Haute-Marne.
Paul FRANÇOIS, de Vitry-le-François. Instruments aratoires.

Médaille de vermeil

FAUCONNIER, de Paris. Moulin à ramasseur.

Médaille d'argent de première classe

BOUDARD, de Chapelaine. Instruments agricoles.
JEANNOT, de Triel. Broyeur.

Médaille d'argent de deuxième classe

ARBEAUMONT, de Vitry-le-François. Dessins de jardins.

Dupuis et Royer, de Villiers-aux-Chênes. Batterie et vanneuse.

Durival, de Vassy. Moissonneuse et céréales.

Harter frères, à Colombey-les-deux-Églises. Machines à batire.

Guillaume, de Villiers-en-Lieu. Instruments aratoires.

Guillee frères, de Suzannecourt. Pressoirs ambulant.

Thvenin, de Brouvilliers. Instruments aratoires.

Masle, d'Hambécourt. Blé en gerbes.

Médaille de bronze

Lebreton, d'Orléans. Plans de parcs.

Champenois, de Cousances-aux-Forges. Charrues et charriot.

Corroy, de Rouceux. Tarares.

Desporte-Chaure, de Saint-Dizier. Traceur-Buteur.

Denizet, chef de construction chez MM. Harter frères; de Colambey-les-deux-Églises. Hache-paille et coupe-racines.

Jeudy, de Thil. Tarares.

Lepreux, de Fragnières. Instruments aratoires.

Marson de Bienville. Instruments aratoires.

Bresson, de Cousances-aux-Forges. Tarares.

Coquard-Camus, de Saint-Eulien. Lin.

Courtois-Amour. Chanvre.

Willemot, de Paris. Plants et graines.

Mention honorable

Vᵉ Lenoir, de Paris. Étiquettes d'horticulteur.

Leroux, de Paris. Muselles de chevaux.

Pillot, de Troyes. Présure pour engrais.

Billiot, de Montier-en-Der. Vinaigrette de jardinier.

Bonamy-Lignot, à Saint-Dizier. Coupe-racines et hache-paille.

X. Bourlier, de Saint-Dizier. Concasseur.

Chrétiennot, d'Essoyes. Paisseloir.

Horticulture

Médaille d'or

Baltet frères, à Troyes (fruits).

Jamin et Durand, à Bourg-la-Reine (Seine) (fruits).

Crousse, à Nancy (plantes de serre chaude).

Médaille de vermeil

Ducart, à Marault (légumes).

Lavocat, à Cologne (fruits).

Barba, à Vitry-le-François (plantes de serre chaude).
Deffaut, jardinier de M. Haudos. à Loisy (id.)
Dubar, jardinier de M. de Lafranchecourt, à Vitry-le-François.
Henrionnet, jardinier de M. Lespérut (agavée).

Médaille d'argent de première classe

Blanchard, à Saint-Dizier (légumes).
Lecninger, jardinier de M. de Gournay, à Châtauvilain (légumes).
Philippe et Arbeaumont, à Vitry-le-François (fruits).
Jamin et Durand, à Bourg-la-Reine (arbres fruitiers).
Vᵉ Munier, à Nancy (plantes de serre chaude).
Philippe et Arbeaumont, à Vitry (conifères et arbres verts).
Baltet frères, à Troyes (conifères et arbres verts).
Barba, à Vitry-le-François (pélargonium).

Médaille d'argent de deuxième classe

Vincent (Jean), à Saint-Dizier.
Henrionnet, jardinier de M. Lespérut, à Eurville (légumes).
Baltet frères, à Troyes (arbres fruitiers).
Baltet frères, à Troyes (roses).
Barba, à Vitry-le-François (dahlias).
Mˡˡᵉ Guillaumet, à Montier-en-Der (agavée, etc.)
Barba. Vitry-le-François (conifères nouveau méxique).
Philippe et Arbeaumont, à Vitry-le-François (rameaux coupés d'arbustes d'ornement).
Vᵉ Munier, à Nancy (bouquets coupés).

Médaille de bronze

Viry-Vautrin, à Saint-Dizier (légumes).
Daval, à Paris (légumes).
Remy, jardinier de M. Rozet, au Clos-Mortier (légumes),
Jacobé, à Joinville (fruits).
Fourrier, à Vassy (fruits).
Mᵐᵉ Jules Paquot, à Valcourt (plantes de serre).
Barba, à Vitry-le-François (conifères et arbres verts).
Cherrier, à Saint-Dizier (fuschias, verveines).
Deffaut, jardinier de M. Haudos (reine-marguerite).
Philippe et Arbeaumot, à Vitry-le-François (roses).
Baltet frères, à Troyes (dahlias).
Deffaut, jardinier de M. de Lafranchecourt (dahlias).

Mentions honorables

GUÉRIN-AUBERT, à Saint-Dizier (légumes).

VOILLEMIN, à Saint-Dizier   (id.)
L'ASILE, à Saint-Dizier   (id.)
GUILLAUME fils, à Villiers-en-Lieu (betteraves).
DURIVAL, à Vassy (fruits).
L'ASILE, à Saint-Dizier (fruits).
DAVAL, à Paris (fruits).
LAVOCAT, à Bologne (dahlias).
DUBAR, jardinier de M. de Lafranchecourt (dahlias).

TREIZIÈME CLASSE — Constructions

Médaille de vermeil

POMBLA, de Paris. Bois comprimé, etc.

Médaille d'argent de première classe

RUCHET et Cie, de Paris. Pavillon, châlet et parquet.

Médaille d'argent de deuxième classe

LOMBARD, de Cousances-aux-Forges. Pierre de taille.
PERSIN fils, d'Asnières. Canot-yole.

Médaille de bronze

ESTOCLET, de Floyon. Bille de chêne.
GODARD, de Saint-Dizier. Madriers de chêne et bille de hêtre.
LOMBARD frères, de Paris. Bois ronds et plateaux.
ORIOT, d'Écurey. Machine à mortier et ciment.
RAMPANT et LEBLANC, de Brauvilliers. Pierre de taille.
VIRY et Cie, d'Allichamps. Moulin à plâtre.
GUICESTRE et Cie, de Paris. Carton Ruolz.
GRENIER et ARNOULD, de Paris. Cordages incorruptibles, bâches et tuyaux.
PRETAT-DEMILLY, de Saint-Dizier. Cordages.
Ve VENDLING, de Saint-Dizier. Cordes.
YVOSSE-LAURENT et Cie, de Paris. Toiles imperméables.
PERSIN-VINOT, de Saint-Dizier. Nacelles.

Mentions honorables

WAYER, de Bar-le-Duc. Peinture de décors.
Mme GILLON (Paulin), de Bar-le-Duc. Marbre de Nubécourt (Meuse).
MENTRELET et Cie, de Fleuvy. Carrelages.

Mettot-Verdeaux, de Vicq. Gypse en plâtre.
Chilot, de Saint-Dizier. Escaliers.
Herveux, de Vitry-le-François. Cheminée de marbre.
Lévy, de Vitry-le-François. Peintures de bois et de marbre.
Mussey et Richer, de la Bretèche. Papier goudron.
Villemin, de Saint-Dizier. Escaliers et combles.
Paymal-Mojard, de Saint-Dizier. Nacelles et Bateau.
Viciot-Trompette, de Saint-Dizier. Batelet.

QUATORZIÈME CLASSE — Mécanique

Médaille de vermeil

Artige, de Paris. Locomobile et machine fixe.
Frey fils, de Paris. Locomobile et scie locomobile.

Médaille d'argent de deuxième classe

Ruchet et Cⁱᵉ, de Paris. Soufflerie.
Monier, de Metz. Locomobile, chaudière, etc.

Médaille de bronze

Briouval, de Lunéville. Balances-bascules.
Margot, de Saint-Dizier. Machine à vapeur, fixe et horizontale.
G. Guyot, de Fargniers. Chemin de fer pour brouettes.
Pia et Duhan, de Charleville. Crics.
Trouillet, de Paris. Numéroteur à la main.
Zani frères, de Chaumont. Pompes à pression d'air et arrosoir.

Mention honorable

Georges, de Rachecourt-sur-Marne. Bascule.
Pertat, de Saint-Dizier. Machine à vapeur fixe.
Raveneau, de Paris. Écope.

OUVRIERS DE L'INDUSTRIE

Médaille d'argent de 1ʳᵉ classe. — Les ouvriers de l'usine de Sommevoire. — Les ouvriers de l'usine du Val-d'Osne.

Médailles d'argent de 2ᵉ classe. — Masselot, contre-maître de la maison Joubert, Guillomot, Guérin et Cⁱᵉ, à Saint-Dizier. — Les ouvriers de la maison Joubert et Cⁱᵉ, à Saint-Dizier. — Monsard (Claude), fondeur au Clos-Mortier. — Pelletier, ciseleur à Poinson-les-Nogent.—Oury-Message, coutelier à Nogent-le-Roi.

Médailles de bronze. — Doré-Collin, coutelier à Biesles. —

COLAS, Victor, coutelier à Biesles. — MARIOT frères, ciseliers à Arbot. — LANGROS (Auguste), contre-maître à Cousances (Meuse). — PÈZE (Jean), mécanicien, chez M. Frey, à Belleville. — BECKER (Charles), contre-maître, chez M. Caillard, à Bar-le-Duc. — HUDELOT (Joseph), marteleur, chez M. Lavocat, à Bologne. — HUTINEL, (Nicolas), marteleur, chez M. Lavocat. — BOZON (Cl.-J.), au Clos-Mortier. — CLOCQUEMAIN, contre-maître, chez M. Guyot-Maret, à Bar-le-Duc. — NEMUY (J.-B.), mécanicien, chez Mᵐᵉ veuve Lallemant et Rivard, à Stenay. — CHARBONNET, ciselier, à Nogent.

Mentions très-honorables. — CORNU (J.-B.), au Clos-Mortier. — BARBARA (Hubert), au Clos-Mortier. — MINOT, chez MM. Champennois frères, à Chaumont. — LOGEROT, id. — PARGON, coutelier, à Nogent. — ROZE, coutelier, à Biesles. — DABIN-FORTIER, coutelier, à Langres. — CHATRON aîné, coutelier, à Nogent.

Mentions honorables. — MARÉCHAL-FOISSEY, coutelier, à Nogent. — Georges JACOB, coutelier, à Biesles. — COLLIN fils, coutelier, à Biesles. — TESTEVUIDE-GENY, ciselier, à Thivet. — BARRET *(sécateurs)*, à Breuvannes.—MAGNIN, coutelier, à Forcey. — ROY (Jules), au Clos-Mortier. — LANSTER (Charles), au Clos-Mortier.

SERVITEURS RURAUX ET JARDINIERS

Médaille de vermeil. — STEINMANN, jardinier, chez M. de Menisson, à Saint-Dizier (jardin parfaitement tenu).

Médaille d'argent. — BRIGNIER, jardinier, chez M. Berthelin, à Doulevant (38 ans de services).

Médailles de bronze. — BERTRAND (Claude), chez M. de Damas, à Cirey-sous-Blaise (31 ans de services). — DIOT (Octave), chez M. Viry, à Saint-Dizier (31 ans de services). — DOUHNE, chez Mᵐᵉ de Compiègne, à Lachaise (Aube). — BOURLON, chez M. LACOMBE, à Saint-Dizier (29 ans de services).

Mentions honorables. — ROCH, chez MM. DESSE et Cⁱᵉ, à Sermaize (jardin bien tenu). — MATIS-RIGOT, chez M. Brachot, à Vassy (bon berger).

PLANTATIONS

Mentions honorables. — POUGNY, à Doulaincourt. — JOSSELIN, à Chaumont. — LAVOCAT, à Bologne.

SERVICES RENDUS A L'EXPOSITION

FISBACQ, architecte de la ville. Médaille d'or.
REYBET, secrétaire de la Mairie.   —   vermeil.
ARBEAUMONT, de Vitry.   —   vermeil.
CASALTA, de Saint-Dizier. Médaille d'argent 1re classe.
HOUDARD, percepteur.   —
Alph. NAVET, propriétaire.   —
GALLOIS, chef garde-champêtre. Médaille de bronze.

Rectifications

M. PERNOT, artiste peintre, à Wassy, nous écrit :

« Voulez-vous, Monsieur, me permettre (pour vous prouver que j'ai lu attentivement votre *Compte-rendu*) de vous signaler une erreur très-grande commise au bas de la page 36. Il y est dit que Marie-Stuart était autrefois dame de Saint-Dizier. Jamais cela n'a été, je puis vous l'assurer, et ceux qui ont écrit cela, si vous l'avez lu quelque part, se sont gravement trompés. »

Nous l'avons lu dans la *Géographie de la Haute-Marne*, par M. J. Carnandet, page 613.

« Marie-Stuart a été dame usufruitière de Wassy, continue M. Pernot ; elle avait à Wassy un château disparu ; une rue qui le remplace porte son nom ; mais elle n'a jamais eu rien de commun avec Saint-Dizier. »

Nous transmettons cette rectification à l'auteur de la *Géographie de la Haute-Marne*.

« Même erreur, dit encore M. Pernot, pour le douaire de Marie-Stuart ; on l'a confondue avec la grande demoiselle de Montpensier dont le duc d'Orléans hérita. »

Si cette confusion a eu lieu, la responsabilité en revient à l'auteur de la *Géographie* qui a écrit (page 613) : « En 1560, le douaire de Marie-Stuart fut établi sur la terre de Saint-Dizier. »

C'est donc à M. Carnandet et non à l'auteur de ce *Compte-rendu*, que s'applique la conclusion de M. Pernot : « On vous a, Monsieur, bien mal renseigné ! »

M. Mareschal-Girard, fabricant de coutellerie, à Nogent, nous exprime la juste surprise qu'il a éprouvée en ne voyant pas son nom dans la liste des exposants en coutellerie insérée pages 62 et 63 de cet ouvrage. L'omission vient de ce que nous avons emprunté cette liste au *Catalogue général* de l'Exposition qui a relégué M. Mareschal-Girard dans un *supplément* rejeté à la fin de la brochure, et qui passe facilement inaperçu.

Nous nous empressons de réparer l'omission faite au préjudice de M. Mareschal-Girard, et, du même coup, nous inscrivons ici le nom de MM. George frères, couteliers à Biesles (Haute-Marne), enfoui également dans le supplément et qui, pour cette raison, ne figure pas sur notre liste.

Si nous avons oublié le nom d'un des plus recommandables fabricants de coutellerie de la Haute-Marne, celui de M. Mareschal-Girard, nous avons cité celui de M. Bourgeois-Ruiz, à Romain-sur-Meuse. Or, nous avons l'honneur de compter M. Mareschal-Girard parmi nos souscripteurs, tandis que M. Bourgeois-Ruiz qui écrivait le 12 septembre à MM. les administrateurs de l'Exposition :

« Ce *compte-rendu* que vous désirez faire ajoute encore à la confiance que j'avais en vous ; c'est une preuve de plus que vous voulez récompenser dignement celui qui a fait des sacrifices et que vous voulez propager la connaissance de son ouvrage ; j'en prendrai certainement plusieurs exemplaires ; » M. Bourgeois-Ruiz nous écrivait le 9 octobre :

« Je viens de recevoir la première livraison du compte-rendu de l'Exposition de Saint-Dizier et je vous la retourne, car je me trouve incapable de pouvoir mettre cette somme (10 fr.) après votre ouvrage. »

Cela ne nous a pas empêché de mentionner M. Bourgeois-Ruiz dans notre seconde livraison, tandis que nous avons oublié un de nos plus honorables souscripteurs. Cela ne nous empêchera pas d'exaucer le vœu que M. Bourgeois-Ruiz exprimait en ces termes dans sa lettre du 12 septembre :

« J'espère qu'après que Messieurs les examinateurs auront visité, confronté mon ouvrage avec les articles de pareille fabrication, il trouvera dans le *Livre d'honneur* un langage à sa portée. Je vas donc commencer les quelques petites choses que j'ai à vous communiquer, etc., etc. »

On nous pardonnera ces détails ; ils témoignent de notre impartialité.

Autre tort envers un de nos abonnés, M. Ch. MUNIER, près Metz, dont nous avons estropié le nom page 41, en citant les deux chaudières de locomotives qu'il expose. La faute en est encore au Catalogue qui, page 68, écrit Ch. Monier au lieu de Ch. Munier. Nous craignons bien que ce catalogue ne nous joue plus d'un tour du même genre. Les numéroteurs mécaniques de M. Trouillet y sont transformés en numérateurs. M. Carteron est appelé Carbron ; les propriétaires des hauts-fourneaux et des fonderies de Sommevoire sont indiqués sous la raison sociale Duresne, Zégut et Cie, au lieu de Durenne, Zégut et Petit ; MM. Ruchet, Vonwiller et Seiler qui exposent une soufflerie pour hauts-fourneaux deviennent Ruchet et Cie ; M. Callebaut est dit Caillebaut et M. Goodwin, Goudevin ; le nom de M. de Chancourtois, collaborateur de M. Elie de Beaumont pour la rédaction de la carte géologique de la Haute-Marne, est supprimé. On trouve dans ce catalogue des exposants qui n'exposent pas, comme M. Victor Cesta, comme MM. Burlot et Viot, et on n'y trouve pas les auteurs de ce mouvement perpétuel dont nous avons parlé précédemment ; puisqu'on n'avait pas craint de les admettre dans le Jard, pourquoi ne les a-t-on pas reçus dans le catalogue ? etc.

Nous n'en finirions pas si nous voulions tout dire, mais cependant ne dirions-nous pas un mot de l'étrange classification suivie dans ce document ? Les choses que la nature rapproche sont séparées, celles qu'elle sépare sont rapprochées. Conçoit-on qu'on ait mis pêle-mêle, dans un chapitre de moins de deux pages, la photographie et une machine à rogner le papier ? Une voiture en osier fait partie de l'article *décoration* ; l'albumine et la mégisserie sont compris sous le titre *vêtements* ; les machines sont expulsées de la *mécanique* ; les manomètres sont classés dans la *médecine* ; la cristallerie se confond avec la *porcelaine* et la limonade devient une *boisson fermentée*, etc., etc… Cela ne facilite pas les recherches !

Déclaration

M. Becquey, maître-de-forges à Marnaval, nous fait l'honneur de nous écrire ce qui suit :

« Marnaval, 30 octobre 1860.

» Monsieur,

» J'ai reçu votre lettre du 27 courant, par laquelle vous me dites connaître, par M. Simonnot, mon projet de souscrire pour un certain nombre d'exemplaires à l'ouvrage que vous publiez sur la récente Exposition de Saint-Dizier.

» J'avais effectivement ce projet, mais l'injustice commise à mon égard dans le classement des récompenses m'y a fait renoncer.

» L'Exposition de Marnaval était incontestablement la plus importante, la plus variée, la plus complète de beaucoup, de toutes celles des forges à marteau ; elle présentait à la fois les fontes et les fers, et tout ce qui constitue un établissement complet qui se suffit à lui-même dans toutes les parties de la fabrication. La qualité de ses produits était établie par les pièces exposées, sa fabrication n'était en rien inférieure à celles des autres forges. Le jury n'a eu aucun égard à ces considérations, et une forge dont l'exposition était la plus chétive et la plus restreinte, qui n'offrait rien de remarquable, a reçu une distinction supérieure à la nôtre. Cette préférence constitue dans ma conviction une grande injustice.

» Il n'est pas en votre pouvoir, Monsieur, de la réparer ; vous n'avez pas à contrôler ni à contredire les décisions du jury, vous ne pouvez qu'en consacrer l'expression.

» Vous ne trouverez donc pas étonnant, après ces explications que je vous demande, la permission de ne pas inscrire mon nom sur la liste des souscripteurs.

» Vous trouverez, je l'espère, également logique, que je

renonce à faire les recherches dont je me suis entretenu avec
M. Carnandet, et il vous sera facile de suppléer les renseignements que je me proposais de réunir.

» Veuillez, Monsieur, agréer l'expression de mes sentiments
les plus distingués,

» BECQUEY. »

Cette lettre nous a causé autant de surprise que de regrets.
Les regrets (est-il nécessaire de le déclarer)? ne viennent pas
de ce qu'il nous faut renoncer à compter notre honorable correspondant parmi les abonnés du *Livre d'honneur*? Quelques
souscripteurs de plus ou de moins ne sont pas une affaire. Et
la preuve que ce petit mécompte n'entre pour rien dans nos
regrets, c'est la publicité que nous donnons à notre réponse;
adressée par lettre privée à notre honorable correspondant,
cette réponse eût pu le ramener à nous, tandis que, faite publiquement, elle l'affermira dans sa résolution.

Et pourquoi donc alors répondons-nous par la voie de la
presse? C'est que si nous faisons bon marché de nos intérêts
dans une question d'aussi minime importance, nous tenons à
la considération des honnêtes gens. Or, un écrivain sans indé-
pendance n'est point digne de considération, et c'est notre in-
dépendance que M. Becquey conteste : les motifs qui l'ont amené
à concevoir une opinion si fâcheuse ont pu l'inspirer à d'autres, voilà pourquoi nous répondons publiquement.

« Vous n'avez pas à contrôler ni à contredire les décisions
du jury, nous écrit M. Becquey; vous ne pouvez qu'en consacrer l'expression. »

L'auteur de la lettre avait dans sa propre cause la preuve
que nous comprenons autrement notre rôle et nos droits.
N'avons-nous pas en effet écrit dans la feuille précédente, à
propos des vins et des liqueurs qu'il a exposés : « Si dans leur
genre, ces produits champêtres sont au niveau des fers de
M. Becquey, ils peuvent avoir des égaux, ils n'ont pas de supérieurs » : N'était-ce pas déclarer d'une manière très-nette, quoique indirecte, que nous ne partageons pas l'opinion du jury
sur les produits métallurgiques de M. Becquey?

Et en effet, sans vouloir médire de ses concurrents, nous trouvons que M. Becquey n'a pas été classé à son rang.

Nous en dirons autant de MM. Lavocat et Cⁱᵉ, de Bologne-sur-Marne, qui ont introduit dans la Haute-Marne la fabrication des tampons pour wagons, et qui les premiers ont réussi à les fabriquer d'une seule pièce.

Il y a bien d'autres décisions du jury que nous ne saurions approuver; par exemple, nous ne comprenons pas qu'on récompense par une médaille en bronze le procédé Carteron, qui a obtenu la médaille de l'Empereur. Mais nous dirons en temps et lieu notre opinion sur chaque chose.

Et nous la dirons librement; car, n'en déplaise à notre correspondant, les arrêts du jury n'enchaînent pas notre liberté.

Et comment en serait-il autrement? Sommes-nous le rapporteur du jury? Nous n'avons pas cet honneur; alors pourquoi donc nous refuserait-on le droit qui appartient à tout le monde de contrôler, et, le cas échéant, de contredire les décisions du jury?

Si on nous suppose hors d'état d'avoir une opinion personnelle sur aucune des choses qui figuraient à l'Exposition, on nous fait peu d'honneur; mais si on nous croit capable, ayant une opinion, d'en faire abandon pour adopter servilement celle d'autrui, on nous fait injure.

Seraient-ce nos rapports avec la commission d'organisation qui paraîtraient devoir enchaîner notre libre arbitre? Pourquoi? La Commission n'était pas un jury; son rôle n'était pas de porter un jugement sur la valeur des produits; je ne sache pas du reste qu'il y ait de technologistes dans son sein; comment donc aurait-elle la pensée de nous donner un mot d'ordre, comment aurions-nous la pensée de le lui demander?

En quoi ont consisté nos rapports avec elle? Le voici : nous nous sommes elle et nous rencontrés dans la pensée de publier un *Compte-rendu* de l'Exposition; c'était pour nous l'occasion d'une étude, c'était pour elle un moyen de laisser un souvenir durable de son œuvre; nous devions aisément nous entendre. Il fut convenu que la Commission provoquerait de la part des exposants l'envoi de documents qui me seraient remis. Quant à l'emploi à en faire, j'en restais seul juge; il n'aurait pu en être autrement.

Dans quel intérêt, en effet, eussé-je aliéné même la plus faible part de ma liberté? Ne pouvais-je pas marcher seul? La publicité n'a-t-elle pas assez d'attrait, assez d'utilité pour que celui qui est en mesure de la donner puisse se dispenser de chercher un appui. Les Membres de la Commission ne pouvaient donc m'imposer de conditions et, en effet, ils n'ont pas songé à le faire.

Après ces explications, nous espérons qu'aucun doute ne subsistera dans l'esprit de personne sur le caractère de notre œuvre. Nous sommes libres de tout engagement, nous ne relevons que de nous-même. Notre responsabilité ne va pas au-delà de ce que nous écrivons ; nous ne sommes solidaires de personne. Certes, lorsqu'il nous arrivera de nous rencontrer avec le jury nous en serons heureux; mais, en cas de dissidence, nous ne ferons pas au jury l'injure de la dissimuler. Et il est absolument impossible de comprendre pourquoi nous en agirions autrement.

Mais nous n'avons pas dit encore d'où nous viennent les regrets que la lettre de M. Becquey nous a causés. Expliquons-nous. M. Becquey avait bien voulu promettre de réunir à notre intention quelques documents d'intérêt général relatifs à l'industrie métallurgique de la Haute-Marne, documents dont la possession nous eût permis d'ajouter beaucoup à la valeur de ce travail. Il nous retire l'espoir de les tenir de lui. Sans doute il ne nous sera pas impossible de nous les procurer ailleurs, mais nous constatons avec chagrin que le ressentiment de l'intérêt personnel froissé détourne M. Becquey de tenir une promesse faite en vue du bien général, et nous ne saurions rien voir de *logique* à cela.

Entrons maintenant dans la seconde partie de cet ouvrage, composée ainsi que nous l'avons dit, de notices spéciales sur chacun des objets exposés qui méritent d'être étudiés à part.

FIN DE LA PREMIÈRE PARTIE

SECONDE PARTIE

DU COMPTE RENDU DE L'EXPOSITION

NOTICE

SUR LA

MANUFACTURE DE GANTS

DE

MM. TRÉFOUSSE, HERTZ ET Cᴵᴱ,

A CHAUMONT (HAUTE-MARNE).

I

J'ouvre, à l'article *Ganterie*, le Rapport sur la dernière Exposition universelle (1855), et j'y vois que des médailles de première et de seconde classe ont récompensé les travaux d'honorables exposants, dont les titres à ces distinctions méritées sont énoncés dans les termes suivants :

L'un a rendu d'importants services à la ganterie ; — un autre est à la tête d'une très-grande maison ; — un troisième a concouru à introduire à Paris une industrie nouvelle en y établissant la mégisserie et la préparation des peaux de gants ; — un quatrième reçoit les peaux en laine, les mégisse et les chamoise ; — un cinquième teint les peaux qu'il emploie ; —un sixième les mégisse et les teint ; —un septième se recommande par la bonne fabrication et le travail élégant de ses produits, etc.

Personne, assurément, ne contestera que des récompenses ainsi motivées ne soient parfaitement justifiées.

Mais, cela étant, de quelle distinction jugera-t-on digne l'établissement modèle qui cumulera ces mérites divers dont chacun, pris isolément, suffit à l'illustration d'une maison importante; l'établissement qui, par plusieurs inventions ingénieuses, aura mérité qu'on dise de lui comme du premier des exposants dont on vient de rappeler les succès, qu'il a rendu d'importants services à la ganterie; — qui, par le nombre de ses ouvriers se comptant par milliers, et par le chiffre de ses affaires se comptant par millions, aura autant de droits qu'aucun autre au titre de très-grande maison; — qui, en ressuscitant la ganterie dans une ville où la ganterie était morte, et en la portant rapidement à un degré de puissance qu'elle n'y avait pas atteint dans ses meilleurs jours, a fait évidemment une œuvre d'utilité publique aussi éminente que celle accomplie par le troisième exposant quand il a concouru à introduire la même fabrication dans une ville où elle n'était pas encore exercée; — qui, comme le fait le quatrième, mégisse lui-même les peaux qu'il emploie; comme le cinquième les teint, et, de plus que le sixième qui les mégisse et les teint, ne se borne pas à transformer la peau en laine en gants prêts à être livrés à la consommation, mais réunit dans ses nombreux ateliers toutes les industries accessoires, et, comme on le verra, les industries qu'on peut nommer complémentaires; — qui, enfin, à Saint-Dizier, en remplissant, non point une vitrine, mais un compartiment grand comme un magasin, du riche et ravissant étalage de produits qui, par leur grâce, leur bon goût et leur fraîcheur, aussi bien que par leur destination, ont été comme l'élément féminin d'une exposition dont la force était le caractère essentiel, a prouvé qu'il marche de pair avec l'établissement le plus justement renommé pour « sa bonne fabrication et l'élégance de son travail. »

Or, tel est le cas de la maison Tréfousse, Hertz et Ce, de Chaumont (Haute-Marne).

Cette maison réunit donc tous les mérites que se partagent les établissements considérables qu'à bon droit les jurés internationaux ont récompensés. Aussi le jury de l'Exposition de Saint-Dizier vient-il de lui donner la plus haute distinction qu'il eût à sa disposition, la médaille d'honneur, et jamais distinction de premier ordre n'a été plus complétement méritée. On va voir d'ailleurs que la manufacture de Chaumont se recommandait autrement encore que par son importance aux suffrages du jury.

Le travail du nombreux personnel qu'elle emploie s'écoule tout entier à l'étranger, avide de ces produits éminemment français par leur grâce, et qui, par leur irréprochable fabrication, soutiennent dignement au dehors l'honneur de notre industrie. Elle n'avait donc aucun profit à retirer de l'exposition régionale où nous l'avons vue figurer d'une façon si splendide, et par conséquent si coûteuse. Cependant elle a été des plus empressées à s'y rendre, et nulle autre ne s'est mise par de plus libérales dépenses en état d'y faire une plus grande figure. Qu'espérait-elle donc de cette publicité coûteuse? Un accroissement de clientèle? Non, puisque son commerce est tout entier un commerce d'exportation. Quel but a-t-elle donc ambitionné d'atteindre? Un but bien désintéressé ; elle a voulu concourir par son propre éclat au rayonnement d'une entreprise chère au patriotisme local. Sa présence à Saint-Dizier a été un acte de patriotisme, et le dévouement dont elle a fait preuve en cette circonstance lui eût donné des droits évidents à quelque témoignage éminent de considération, si sa supériorité manufacturière ne lui en eût conféré de plus impérieux encore : elle eût donc pu tenir de la gratitude du jury ce qu'elle tient de sa justice.

Et ce n'est pas tout.

A côté de ce titre particulier à la bienveillance d'un aréopage local, il convient de mentionner un titre qui, en quelque lieu que ce soit, concilierait à MM. Tréfousse, Hertz et C°, l'estime et la sympathie des gens de cœur. Au milieu de la foule des objets variés de leur exposition, où se rencontrait tout ce qui a rapport à la ganterie (la peau à ses divers degrés de préparation, des gants de toute grandeur et de toute couleur, les cartonnages élégants pour l'exportation, le caoutchouc pour fermeture, l'albumine fabriquée avec les résidus des œufs employés à la mégisserie et à la teinture, enfin plusieurs mécanismes nouveaux), une boîte pleine de petits jetons en cuivre, exerçant la séduction d'une énigme, ne manquait pas d'attirer l'attention des visiteurs. Les examiniez-vous de près, vous appreniez par leurs légendes en relief que ces jetons se rapportent à certaines institutions organisées par MM. Tréfousse, Hertz et C°, au profit de leurs nombreux salariés ; de sorte que s'ils n'avaient remporté la médaille d'honneur comme industriels de premier ordre, elle leur eût encore appartenu en qualité de gens de bien.

Cela posé, je crois que le lecteur ne fera pas difficulté de ratifier la décision du jury de Saint-Dizier, et qu'il nous accompagnera volontiers dans l'étude qui va suivre.

II

A quelle époque remonte l'invention du gant? On ne saurait le dire. Il paraît n'avoir pas été inconnu des anciens, car on trouve dans de très-vieilles gloses grecques le nom de khérides (de *khéir*, main), qui semble se rapporter à lui ; mais nous ne savons rien ni de la forme, ni des usages que pouvait avoir l'objet ainsi désigné. Il est bien probable qu'avant d'être un article de luxe, un objet de toilette, le gant aura été un instrument de travail. Il a dû être inventé pour préserver la main des accidents auxquels certains travaux pouvaient donner lieu ; divers tissus, des peaux d'animaux surtout, auront été employés d'abord en bandelettes, puis en *mitaines*.

Le mot mitaine est très-ancien, il vient du celtique *mittain ;* la chose était dans l'origine une espèce de sac sans divisions, excepté pour le pouce. Les bûcherons, les vignerons, les manouvriers qui travaillent au dehors pendant les rigueurs de l'hiver font encore usage de l'antique mitaine.

Elle a donné lieu à toutes sortes de dictons populaires qui, mieux que ne le pourraient faire les étymologies, indiquent son usage primitif : « Cela ne se prend pas sans mitaines ; — on ne touche pas à cela sans mitaines ; — il faut prendre des mitaines pour lui parler, etc., etc.; » ce qui montre bien que mitaine est synonyme de précaution, soin, ménagement, défiance.

Après la mitaine vint le *miton* coupé à la naissance des doigts et qui laisse à la main sa liberté. Il a dû être inventé par quelque fille d'Ève, peu flattée d'enfouir ses mains mignonnes sous l'affreux vêtement qui en celait l'élégance.

Au VIe siècle apparaît enfin le *gant de peau ;* grossier de forme et d'usage, comme l'époque où il prend naissance, et très-différent du nôtre par sa destination.

En se recouvrant en dessus de petites lames d'acier, il se convertit en *gantelet*, partie intégrante de l'armure des chevaliers. C'est au moyen âge, vers l'an 1300, que s'en établit l'usage ; on défiait un ennemi en lui jetant son gantelet ; le

ramasser signifiait qu'on acceptait le combat. On dit encore
aujourd'hui : jeter et relever le gant.

Le gant n'est devenu un article de toilette que sous
Henri III. Les femmes l'introduisirent à la cour ; c'était simplement un gant de soie tricotée. De la cour il se répandit
dans toute l'aristocratie, et son emploi ne tarda pas à devenir
général dans le beau monde d'alors. Enfin, au commencement de ce qu'on appelle le siècle de Louis XIV, la fabrication des gants de peau s'était assez perfectionnée pour
que, devenus à leur tour un objet de coquetterie, ils fissent
leur entrée à Versailles ; mais jusqu'à la révolution de 1789
les classes privilégiées purent seules se permettre ce grand
luxe.

Aujourd'hui, l'usage en est adopté par tout le monde et
dans presque toutes les positions sociales. Sans eux, aucune
toilette n'est achevée. Si l'on en croit le comte d'Orsay, un
gentilhomme ne saurait passer sa journée à moins de six
paires de gants. Et quelle serait en effet la cause finale du
gentilhomme s'il ne détruisait activement les produits du
travail ! En quelle circonstance les gants ne sont-ils pas de
rigueur ? Dans quel salon la maîtresse de la maison quitte-
t-elle ses gants ? Peut-on, se respectant, sortir une fois sans
gants ? Aussi la ganterie est-elle devenue une des branches
importantes de la production nationale, et nous pouvons
ajouter, une des plus perfectionnées, car l'art du gantier est
arrivé, dans ces derniers temps, à une précision quasi mathématique.

III

On disait autrefois que, pour qu'un gant fût irréprochable, il fallait que trois royaumes y eussent passé : l'Espagne

pour préparer la peau, la France pour la tailler, l'Angleterre pour la coudre. La France suffit aujourd'hui à cette grande entreprise. Aux trois pays qu'on vient de citer, il faut ajouter maintenant l'Italie (Rome) et la Suède. L'Angleterre fabrique pour une valeur de 12 millions de francs. Le chiffre des affaires de la France en gants de peau dépasse 30 millions ; elle produit incontestablement les plus beaux et les meilleurs ; ses *gants de Suède* sont préférés aux vrais suédois. Nos principaux centres de production sont Paris, Chaumont, Nancy, Lunéville, Grenoble, Annonay, Avignon, Milhaud et Montpellier.

Ajoutons que les gants de coton pour l'uniforme de l'armée et pour la livrée, ceux de fil, de laine et de soie, sont fabriqués en France et en Écosse au nombre annuel de plus de 50 millions de paires. La mitaine, encore usitée au village, et le miton en broderie ou tricoté, excèdent de beaucoup ce nombre. On se sert aujourd'hui en Amérique d'une sorte de gants dont il est désirable de voir l'usage se répandre chez nous. Ce sont des gants faits en étoffe caoutchoutée ; ils permettent aux femmes de se livrer aux plus rudes travaux de ménage, tels que lavage de lessive, recurage des cuivres, etc., sans porter atteinte à la blancheur ni à la douceur de leurs mains. On peut ainsi concilier l'humble accomplissement des travaux domestiques avec ce degré d'élégance auquel il convient que chacun vise.

IV

La ganterie est une industrie bien plus compliquée qu'on ne le suppose communément. Depuis la peau en poil jusqu'à l'achèvement du travail, il y a une infinité de préparations qui constituent les spécialités distinctes de la mégisserie, de la teinture et de la ganterie, spécialités dont chacune comprend toute une suite de manipulations délicates.

La mégisserie est l'œuvre initiale et fondamentale. Ses opérations principales consistent à ébourrer les peaux, à les gonfler, à les rendre imputrescibles, enfin à les blanchir. Les peaux employées sont celles d'agneau, de mouton, de chèvre, de chevreau, de chamois, de cerf, de daim, d'élan, de renne, de castor, de buffle, de chien, de chat et même de rat. Les peaux de chevreau les plus estimées viennent d'Annonay, de Chaumont et de Paris. La mégisserie française attire à elle, par l'excellence de sa fabrication, la presque totalité des peaux de chevreau du monde entier, qui sont ensuite réexportées très-souvent dans les pays mêmes de production.

Après avoir passé en mégisserie, les peaux sont, suivant leur force et leur qualité, destinées aux gants de couleur ou aux gants blancs. Les plus fines, non les meilleures, sont consacrées à ces derniers. Elles sont blanchies au soleil. La mégisserie et la teinture consomment annuellement une énorme quantité d'œufs dont les jaunes seuls sont employés en ganterie.

Après la teinture, viennent la *coupe*, et le *fendage* qui, dans certaines usines, se fait à la mécanique, et la *couture* qui s'opère communément au moyen d'une sorte d'étau dont les deux mâchoires (à l'intérieur desquelles on place le gant) sont creusées d'une suite de petites rainures par chacune desquelles on fait passer successivement l'aiguille. Les nouvelles machines à coudre ne tarderont probablement pas à être introduites dans la ganterie.

Telles sont, en résumé, les phases par lesquelles passe la fabrication de cet élégant produit.

V

La ganterie fut introduite à **Chaumont** (Haute-Marne) vers la fin du XVIIe siècle. Depuis plusieurs centaines d'années déjà, cette ville était renommée pour ses corps de métiers. Elle avait de nombreux ouvriers dès le XIVe siècle; au commencement du XVIe elle renfermait près de 150 draperies-drapant, 100 tisserants, etc... Ses serges, ses droguets, ses gros draps étaient estimés ; enfin, on y rencontrait une puissante confrérie de tanneurs, comprenant les boyaudiers, les corroyeurs, les noircisseurs, les bourreliers, les mégissiers et les cordonniers.

Il est donc tout simple que, peu de temps après avoir fait son apparition à la cour à titre de vêtement de luxe, le gant de peau ait été introduit à Chaumont comme objet d'une industrie nouvelle. Partageant le sort commun, cette industrie y vécut jusqu'en 1789 de la vie des corporations. A ce moment, elle reçut une impulsion nouvelle ; mais les longues guerres de l'Empire l'affaiblirent; la paix ne la releva pas, et en 1830, en même temps que la bonneterie, non moins malade, se réfugiait à Troyes où elle prospère aujourd'hui, la ganterie chaumontaise succombait tout à fait.

Mais elle succombait pour se relever peu d'années après et devenir bientôt plus florissante que jamais, grâce à M. Jules Tréfousse, fondateur de l'usine modèle à laquelle cette notice est consacrée.

VI

Fondée en 1833, cette usine n'occupait d'abord qu'un petit nombre d'ouvriers; la vigoureuse impulsion de son chef lui a donné une importance que les chiffres suivants nous permettront de mesurer.

La manufacture de Chaumont, construite sur un terrain long de 170 mètres et large de 62, couvre une surface de 10,540 mètres carrés.

Son organisation révèle une intelligence parfaite de toutes les ressources que les sciences appliquées peuvent fournir à l'édification d'une grande fabrique. Ainsi elle est chauffée à la vapeur, et l'espace chauffé ne forme pas moins de huit mille mètres cubes. L'éclairage a lieu au gaz, et, pour le dire en passant, ce gazomètre est le seul qui existe dans le département de la Haute-Marne.

Trente-sept ateliers bien distincts, constitués selon les principes positifs de l'économie industrielle, se partagent la fabrication. La distribution du travail entre ces ateliers et leur exact agencement offrent de véritables modèles d'organisation manufacturière.

Quoique nous ayons déjà dit que cet établissement est du très-petit nombre de ceux dans lesquels s'opère la conversion complète de la peau brute en gants prêts à être livrés à la consommation, peut-être s'étonnera-t-on d'un si grand nombre d'ateliers spéciaux. C'est qu'on ne se fait pas une idée de la variété des manipulations dont cette fabrication se compose. Nous ne saurions les décrire, mais nous pouvons en énumérer quelques-unes. Transportons-nous donc par la pensée chez MM. Tréfousse, Hertz et Cⁱᵉ, et suivons dans la longue série de ses transformations la peau qui subit le travail de la mégisserie :

Recettage de la peau en poil, — battage de la même peau, — trillage pour la mise en mégisserie, — mise en trempe, — mise en chaux et dépoilage, — façons : travail du chevalet, du foulon, mettre boire la peau, — la peau en confit, — l'habillage de la peau, — étendage, déplissage, décrochage, mise en paquets, — mouillage, broyage, palissonnage, mise en paquets, rebroyage, redressage, — la recette, le long-large, la mise en paquets.

C'est-à-dire au total vingt-quatre manipulations pour la mégisserie. Or, après la mégisserie vient la teinture ; après la teinture, la coupe ; après la coupe, la couture ; après la couture, la mise en douzaine et l'expédition. Et des vingt-quatre manipulations dont la mégisserie à elle seule se compose, il en est une, celle qu'on a vue désignée par ces mots : « la peau en confit, » qui exige que cette peau passe onze fois par les mains ; pour les façons, elle y passe cinquante-six fois ! Voici qui achèvera d'édifier le lecteur sur l'étendue du travail que nécessite la confection de ce délicat produit, si promptement mis hors de service :

Une peau pour être mégissée doit passer 138 fois par les mains ; la teinture entraîne 18 manipulations ; la coupe, 34 ; la couture, 17 ; la mise en douzaine et l'expédition, 12.

En résumé, un gant, depuis l'état de peau en poil jusqu'à celui de gant fini, passe 219 fois par les mains.

Après cela, le nombre de 37 ateliers n'a plus rien de surprenant.

Ces ateliers renferment l'outillage le plus perfectionné. Plusieurs des mécanismes ingénieux qu'on y voit fonctionner sont de l'invention de MM. Tréfousse. Nous citerons entre autres la machine au moyen de laquelle s'opère, en teinture, la purge de la peau, purge qui, jusqu'ici, était faite péniblement et très-défectueusement avec les pieds, et qui a lieu maintenant à l'intérieur d'un cylindre en bois par la rotation d'un agitateur tournant sur son axe vertical. Cette machine a été brevetée par la maison Tréfousse.

Le nombre des ouvriers et ouvrières que celle-ci emploie donnera mieux que tout le reste une idée de son importance; il est de 2,500. Ces 2,500 ouvriers se répartissent ainsi :

Mégissiers.	160
Teinturiers et ouvreurs.	30
Gantiers et gantières.	170
Employés et contre-maîtres.	26
Entrepreneurs de couture.	35
Ouvrières couseuses	2,051
Boucleuses.	28

L'établissement de Chaumont mégisse par an 504,000 peaux de chevreau de diverses provenances, tant françaises qu'étrangères. (La peau brute en poil s'est vendue en 1860 de 3 fr. 50 à 4 fr. 50 la pièce.)

Il teint 512,000 peaux de chevreau. La mégisserie et la teinture consomment ensemble 880,000 jaunes d'œuf.

Il coupe 660,000 paires de gants de chevreau qui sont cousues dans divers départements. Une ouvrière peut coudre de trois à quatre paires par jour, ce qui fait un total de 15 à 20,000 points, car la couture d'un petit gant de femme en comprend 2,500. Généralement, les couseuses ne travaillent aux gants que pendant huit mois de l'année; les quatre autres mois sont consacrés aux travaux des champs.

Nous avons dit que MM. Tréfousse, Hertz et Cᵒ ne se bornent pas à concentrer chez eux tout le travail de la ganterie, et qu'ils se livrent à diverses opérations accessoires à cette fabrication principale. Ces opérations accessoires sont, d'abord, la confection mécanique du caoutchouc employé pour fermoirs, ce qui constitue un des modes de fermeture les plus commodes et les plus solides ; ensuite, la fabrication des nombreux cartonnages que nécessite l'expédition des produits à l'étranger et notamment en Angleterre et en Amérique. Ces cartonnages se font dans l'usine même. Quant au caoutchouc, elle en produit annuellement 100,000 mètres.

On vient de voir que les jaunes d'œuf sont employés dans la mégisserie et la teinture. En mégisserie, par exemple, après que les peaux ont été ébourrées, gonflées, rendues imputrescibles, on les blanchit en les laissant tremper dans un bain composé de farine, de jaune d'œuf et d'une liqueur saline. On a vu, en outre, quelle énorme quantité d'œufs consomme pour cet usage la fabrique qui nous occupe. C'est là un article de dépense considérable, et il y aurait un grand intérêt à remplacer cette matière par une autre moins coûteuse. En attendant que ce *desideratum* soit réalisé, il importe de ne pas laisser se perdre le blanc d'œuf qui, lui, n'a pas d'emploi dans la fabrication des gants. Il sert à la fabrication de l'albumine. Or, à leurs nombreuses branches d'industrie, MM. Tréfousse, Hertz et Cᵉ ont ajouté la production de l'albumine, et c'est cette production que nous avons désignée précédemment sous le titre de fabrication complémentaire.

La manufacture de Chaumont nous montre donc réunies dans le même local les opérations suivantes, dont chacune suffit, ailleurs, à occuper toute une usine : la mégisserie, la teinturerie, la ganterie, la fabrication du caoutchouc, de l'albumine, la cartonnerie, et c'est jusqu'ici le seul établissement en Europe qui ait réuni toutes ces industries.

La valeur de ses produits s'élève annuellement à plus de trois millions de francs; ils s'écoulent exclusivement en Angleterre et aux États-Unis.

On n'a pas de peine à s'expliquer le succès qu'il obtient auprès de nos redoutables concurrents de la Grande-Bretagne, quand on a examiné attentivement les objets exposés à Saint-Dizier. Les peaux mégissées ont une douceur au toucher, une souplesse et une finesse de grain qui n'ont peut-être pas été atteintes dans les centres les plus renommés de la mégisserie. Une gamme de nuances aussi variées que possible et dont l'éclat et la pureté ne laissent rien à désirer, atteste le degré de perfection auquel la teinture est arrivée. La coupe, la couture, les broderies, les fermoirs et les enjolivements décèlent un goût parfait et une étude approfondie de la forme. La réunion de ces qualités explique amplement l'importance si rapidement acquise par ce bel établissement et la faveur dont il jouit à l'étranger.

Cependant, nous n'avons pas encore dit tous les droits de MM. Tréfousse, Hertz et C⁶ à la considération publique. On vient de voir s'ils ont le génie de l'entreprise, on va voir s'ils ont le génie du bien.

En 1850, ils établirent, sous le nom de *Caisse de Prévoyance*, une Société fondée dans l'intérêt de leurs nombreux ouvriers. Les sociétaires ne versaient pas de fonds; c'était la maison qui allouait une bonification à chacun d'eux, suivant la quantité de gants coupée, et cette bonification était versée à la caisse. Les fonds placés rapportaient intérêts. Malheureusement, en 1854, les ouvriers, peu soucieux de l'avenir, et impatients de toucher une somme devenue assez ronde, mirent dans la nécessité de prononcer la dissolution de la Société. L'actif était alors de 32,168 francs; il serait aujourd'hui de plus de 100,000 fr.

Bien des chefs d'industrie se fussent découragés ; ceux de Chaumont cherchèrent un autre moyen d'être utiles à leurs ouvriers.

Il y a six mois, ils ont créé au profit de ceux-ci une pension alimentaire : l'achat des denrées se fait en gros, les traités sont passés à l'année avec les fournisseurs, et la consommation est livrée aux ouvriers de l'établissement, et à eux seuls, au prix de revient, contre la monnaie spéciale, dont il a été question plus haut, et qui ne pourrait avoir cours ailleurs. Moyennant 1 fr. 25 cent. par jour, l'ouvrier peut faire deux repas et consommer un litre de vin.

A notre avis, cette grande manufacture n'est pas moins recommandable par cette préoccupation bienveillante du sort des ouvriers que par la puissance de son organisation industrielle et la perfection de ses produits.

En résumé, l'honneur revient à MM. Tréfousse, Hertz et C⁰ d'avoir rétabli, dans un département où elle avait périclité, une industrie dont la décadence, attribuée à des causes locales, passait pour irrémédiable ; ils l'ont placée au premier rang. Grâce à eux, la ganterie chaumontaise n'a rien à redouter de la situation faite par le traité de commerce au travail national ; elle lutte victorieusement contre la concurrence étrangère. N'est-ce pas assez pour justifier complétement la récompense qui vient de leur être accordée à Saint-Dizier, et qui n'est que le prélude de celles qu'ils obtiendront s'ils profitent des futures expositions universelles pour se produire sur de plus grands théâtres ?

La manufacture de gants de Chaumont a des maisons de vente à Londres et à New-York. Une mégisserie établie à Annonay (Ardèche) en dépend. Le siége de la Société est à Paris.

Réponse de M. Carnandet à M. Pernot.

Aux critiques de M. Pernot sur le titre et le douaire de Marie Stuart (page 90), M. Carnandet répond dans une lettre qu'il nous adresse :

« J'ai sous la main plusieurs ouvrages que je consulte. Dans un volume intitulé : *Ypres et Saint-Dizier, Étude historique sur deux communes au moyen âge,* par J.-J. Carlier, Dunkerque, 1857, in-8°, je trouve le passage suivant : « Saint-Dizier fut donné plus tard en « douaire à Marie Stuart... Elle prenait le titre de Dame de Saint- « Dizier. » M. J. Feriel, qui se recommande à tous les érudits par l'exactitude et la fidélité de ses recherches historiques, s'exprime ainsi dans son *Précis de l'histoire de Saint-Dizier,* Chaumont; 1844, in-8° : « Seize ans plus tard (1560), on assura sur la terre de Saint- « Dizier le douaire de Marie Stuart, veuve de François II. Cette « princesse prit la qualité de Dame de Saint-Dizier dans la nomina- « tion qu'elle fit en 1587 à la charge du bailli de cette ville. » M. Ed. de Barthélemy, connu par de sérieux travaux historiques sur la province de Champagne, dit, dans un article intitulé : *Marie Stuart en Champagne (la Haute-Marne,* revue champenoise, page 360) : « Marie Stuart se rendit à Saint-Dizier, seigneurie qui lui apparte- « nait. » Dans son *Histoire de l'ancien diocèse de Châlons,* le même écrivain tient ce langage : « Cette place (Saint-Dizier) figura parmi « les domaines donnés en douaire à Marie Stuart; elle y vint même « immédiatement après la mort de François II et institua le bailli. » (2ᵉ vol., p. 248.) Je trouve le passage suivant dans l'*Histoire des Villes de France* par M. Guilbert (t. III) : « Plus tard, la ville de « Saint-Dizier fut donnée en douaire à Marie Stuart, qui prit quel- « quefois le titre de Dame de Saint-Dizier. » Enfin, M. Saupique, avocat à Saint-Dizier, qui a publié des *Recherches historiques sur Saint-Dizier* dans le journal *l'Exposition,* a écrit les lignes sui- vantes, où vous auriez pu les lire pour le mettre en cause avec moi : « Le douaire de Marie Stuart fut assis sur la terre de Saint-Dizier. « Elle prit le titre de Dame de Saint-Dizier dans la nomination « qu'elle fit en 1587 à la charge du bailli de cette ville. »

« Cependant, M. Pernot qui s'est livré, s'il fallait l'en croire, à des recherches minutieuses, longues et pénibles, s'étonne qu'on ait pu voir cela quelque part. »

J. CARNANDET.

Paris. — Impr. Bailly, Divry et Cᵉ, rue N.-D. des Champs, 49.

APPAREILS

POUR LA

FABRICATION DE L'EAU DE SELTZ

ET AUTRES BOISSONS GAZEUSES

perfectionnés et construits

PAR MM. HERMANN LACHAPELLE ET GLOVER

Ingénieurs-mécaniciens, à Paris (1).

Les appareils pour la fabrication des boissons gazeuses perfectionnés et construits par MM. Hermann Lachapelle et Glover, appareils qui joignent au mérite d'une grande perfection mécanique celui d'une rare élégance de formes, et dont quelques pièces sont de véritables œuvres d'art, nous donnent occasion de parler de l'eau de Seltz, et c'est, ainsi qu'on va le voir, un intéressant sujet d'étude.

L'admission d'un produit nouveau dans l'alimentation publique est un événement sur la rareté duquel il serait superflu d'insister. Que le lecteur fasse le dénombrement de ce qu'en l'an de grâce 1860 boit et mange un Français appartenant aux classes laborieuses, ou même aux classes moyennes, et malgré la variété des ressources que la nature nous offre, en dépit de nos prétentions au progrès, la récapitulation ne sera pas longue. Avons-nous ajouté beaucoup d'aliments à ceux dont nos pères faisaient usage? Chacun sait le contraire. On en propose tous les jours; mais si beaucoup sont appelés, combien peu sont élus! Or, la boisson qui nous oc-

(1) Rue du Faubourg-Poissonnière, 144.

cupe est du très-petit nombre des élus, et son succès a été si rapide qu'on trouverait difficilement un second exemple d'une denrée alimentaire ayant réussi en aussi peu de temps à se faire adopter par toutes les classes de consommateurs.

Il n'y a pas longtemps encore que l'eau de Seltz était considérée comme article purement médicinal; on ne la trouvait mentionnée qu'au Codex. Comme plusieurs autres substances devenues à la longue d'un usage commun, comme l'eau-de-vie, par exemple, elle a fait ses débuts dans l'officine du pharmacien, sur la devanture duquel nous nous rappelons avoir vu son nom figurer en compagnie des eaux minérales de Vichy, Spa, Sedlitz, Cauterets, Baréges et Bonnes. Les pharmaciens en avaient la spécialité, sinon le monopole; ils la fabriquaient, Dieu sait par quels procédés surannés; ils la vendaient, Dieu sait à quel prix, un prix d'apothicaire! Leur clientèle, pour cet objet comme pour tous les autres, se composait à peu près exclusivement de malades; cela se délivrait sur ordonnance de médecin pour le soulagement de gens affectés d'entérites anciennes, de gastralgies, de diarrhées bilieuses, de vomissements spasmodiques, etc. Que ce temps si près de nous en est déjà loin! Le jour vint enfin où l'eau de Seltz cessa d'être assimilée à une tisane. Un arrêt de la Cour impériale en enleva le monopole aux pharmaciens, et l'eau gazeuse émancipée fit son apparition sur quelques tables, apparition modeste, comme il convient à ce qui débute et surtout à ce qui a de l'avenir. En 1830, l'usage en était encore si restreint que deux établissements, celui du Gros-Caillou et celui des bains de Tivoli, exploitaient seuls cette nouvelle branche d'industrie et suffisaient aux besoins de la population parisienne; ils fabriquaient selon la méthode du *Codex* (1). L'année suivante (1831), la consommation prit tout à coup un accroissement considérable. On n'a pas oublié que cette date néfaste est celle de la première invasion du choléra. Le fléau indien détermina la subite popularité de l'eau de Seltz; on s'était imaginé qu'elle était un préservatif contre l'épidémie. C'est donc en quelque sorte par surprise qu'elle est entrée dans les habitudes de la vie. Si on ne trouva pas en elle le remède, hélas! encore inconnu qu'on lui demandait, on y rencontra ce qu'on ne cherchait pas (ainsi se font souvent les découvertes); accueillie dans la maison à titre médicamenteux, elle y est restée à titre diététique.

(1) C'est-à-dire en employant le bicarbonate de soude. Il sera question plus loin des procédés de fabrication.

C'est dans la demeure du riche qu'elle pénétra d'abord ; l'élévation du prix, résultant de l'imperfection des moyens de fabrication, mettait alors obstacle à sa propagation générale. Cette boisson, devenue si populaire, était, en 1830, une boisson de luxe ; les choses les plus usuelles ont eu un pareil commencement : les bas, par exemple, ont été d'un prix inestimable, et la grande Élisabeth d'Angleterre était très-fière de l'unique paire qu'elle possédât. Aujourd'hui, l'eau de Seltz entre dans l'alimentation d'une multitude d'ouvriers ; le débit qui s'en fait dans les restaurants à bon marché est énorme. Un grand nombre de villes de province possèdent une ou deux fabriques d'eau de Seltz, et Paris, aux besoins duquel deux établissements suffisaient il y a trente ans, en compte à lui seul environ soixante qui livrent chaque année dix millions de siphons et de bouteilles absorbés pendant les trois mois de la saison chaude.

Tel est du moins le chiffre de la consommation parisienne pour 1859. L'année 1860 nous en offrirait certainement un plus considérable, et nul doute que ce chiffre n'aille grandissant pendant longtemps encore, et cela pour deux raisons que voici :

En premier lieu, la fabrication de l'eau de Seltz, n'exigeant qu'un très-petit capital, ayant des débouchés certains, étant exempte de risques, et enfin procurant un très-fort bénéfice, ne peut manquer d'attirer à elle un nombre croissant d'industriels. Qu'un homme pouvant disposer d'un capital de quelques milliers de francs fasse l'acquisition d'un des appareils perfectionnés de MM. Hermann Lachapelle et Glover, il se trouvera possesseur d'un outillage complet de fabricant d'eau de Seltz, au moyen duquel il pourra se procurer un bénéfice de plusieurs centaines de francs par jour de travail. Il est donc certain que la consommation ne s'arrêtera pas par défaut d'aliments.

En second lieu, il est inévitable que la concurrence amène les intermédiaires (limonadiers, restaurants, etc.) à se contenter d'un bénéfice moindre que le bénéfice exorbitant qu'ils tirent de la vente de ce produit. Sait-on à combien revient aux maisons de consommation le siphon qu'elles font payer 75 centimes ? Le fabricant les livre à 15 centimes ! Ainsi le gain est de 400 pour 100 ! Quand les détaillants s'accommoderont du profit fort honnête de 100 pour 100 et mettront généralement le siphon à 30 centimes, rien n'arrêtera plus la marche ascendante de la consommation ; et comme ce résultat est inévitable, comme il a même commencé à se produire,

on ne s'avance pas beaucoup en assurant qu'avant un petit nombre
d'années, au lieu de dix millions de siphons, Paris en consommera
cent millions ; c'est-à-dire qu'en moyenne, pendant les trois mois
d'été, chaque habitant de cette ville boira quotidiennement sa bouteille d'eau de Seltz.

Sera-ce un bien? sera-ce un mal? Un chiffre qui grossit d'année
en année n'est pas toujours un motif de satisfaction, témoin celui
qui marque le progrès de la consommation si déplorablement gran-
dissante du tabac, auquel le ministre de l'instruction publique se
voit obligé d'interdire l'accès de nos lycées ; témoin encore le chiffre
auquel se mesure l'usage de l'absinthe, dont l'abus révoltant peuple
nos hôpitaux de tant d'affections cancéreuses. Faut-il se réjouir,
faut-il s'affliger de la popularité conquise par l'eau de Seltz? Nous
n'hésiterons pas à répondre qu'on doit grandement s'en féliciter.

C'est que l'eau de Seltz ne fait payer par aucun inconvénient la
sensation agréable que sa fraîcheur et sa saveur piquantes procurent à l'organe du goût ; bien au contraire, son action sur l'orga-
nisme est des plus bienfaisantes. Nous ne dirons pas qu'elle est favorable aux personnes atteintes d'affections chroniques de l'estomac ou d'affections nerveuses, bien que cela soit incontestable et
incontesté, et dans son *Formulaire*, le professeur d'hygiène à la Faculté de médecine de Paris, M. Bouchardat, lui reconnaît cette propriété ; mais, grâce à Dieu! ce n'est pas un médicament que cher-
chent dans l'eau de Seltz la plupart de ceux qui en font quotidiennement usage, et sans tenir compte pour le moment du soulagement qu'elle procure à ceux qui souffrent, nous nous informons
de l'influence qu'elle peut avoir sur les gens qui se portent bien.
Or cette influence est des plus favorables : l'eau de Seltz fortifie
l'estomac sans l'irriter, elle ne trompe pas la soif, elle la calme ;
elle réveille l'appétit, elle facilite la digestion ; mêlée aux vins
nouveaux, aux vins inférieurs, elle en corrige l'âcreté, elle en neu-
tralise les principes malfaisants. C'est donc une boisson hygiénique
autant qu'agréable et qui a toutes les qualités requises pour devenir d'un usage général. Bien plus, et voici qui est digne d'une très-
sérieuse attention : mêlée aux vins communs, elle leur communique quelque chose des qualités et de la saveur des bons vins,
de sorte que, grâce à cette précieuse propriété, les habitudes de
sobriété que des sociétés de tempérance, prêchant ou l'abstention
complète de vin, ou l'usage de vin largement étendu d'eau ordinaire, ou, comme en Angleterre, l'usage du thé, ne réussiraient

pas à inculquer, ces habitudes, dis-je, se répandent à vue d'œil parmi les consommateurs des vins grossiers : miracle ! ils étendent leur vin d'eau ; non, à la vérité, d'une eau fade, insipide, lourde à l'estomac, et ce n'est pas du tout une privation qu'ils s'imposent : aussi peut-on compter sur leur persévérance. L'eau de Seltz a résolu ce beau problème, et ce problème en apparence contradictoire : rendre les gens tempérants par sensualité ; elle moralise par l'attrait, elle fait de la boisson même le remède à l'ivrognerie. Assurément, si l'eau de Seltz avait un inventeur connu, et que cet inventeur fût vivant, il mériterait que l'Académie lui décernât quelqu'une de ces récompenses qu'elle tient en réserve pour les auteurs des inventions les plus utiles aux mœurs. Aussi l'un des professeurs qui groupent chaque année autour de leur chaire le plus grand nombre d'ouvriers, M. Payen, dans le cours de chimie appliquée qu'il fait au Conservatoire des arts et métiers, recommande-t-il à ses auditeurs l'usage de l'eau de Seltz : « Buvez-en, leur dit-il ; en en mettant dans votre vin, vous en détruisez la partie malfaisante, vous vous rafraîchissez, vous vous fortifiez l'estomac, et enfin vous évitez l'ivrognerie, qui est la plaie de votre bourse, la ruine de votre santé et la principale cause de vos malheurs domestiques. »

Avais-je tort de dire en commençant que l'eau de Seltz offre un intéressant sujet d'étude ? Puisqu'elle se montre digne de l'attention des honnêtes gens, achevons de la connaître. Et d'abord, qu'est-ce que l'eau de Seltz ? Probablement plus d'un en boit tous les jours sans s'être jamais posé cette question, satisfait d'avoir un nom à mettre sur la chose. Mais qui ne se paye plus ou moins de mots ? et dans combien de cas la science des plus savants ne va-t-elle pas au delà de l'étiquette ?

II

L'eau de Seltz tire son nom du village de Neider-Selters, situé dans le duché de Nassau, à 41 kilomètres au nord de Mayence, et peuplé de huit à neuf cents habitants. Ce village possède des sources d'eaux gazeuses, acidules, froides, célèbres depuis longtemps pour leurs vertus digestives, et qu'on expédie dans toute l'Europe. L'eau de Seltz artificielle est considérée comme une imitation de l'eau naturelle de Selters, et de là l'identité de nom. Mais qu'on se tromperait si de la communauté de nom on concluait à l'uniformité de composition chimique! J'effrayerais plus d'un lecteur si je donnais en chiffres, d'après Bischof, la proportion exacte des nombreux éléments dont l'eau de Selters se compose. Je me bornerai à dire que l'eau de Seltz artificielle n'emprunte à l'eau de Seltz naturelle ni le sulfate de soude, ni le chlorure de sodium, ni les carbonates de soude, de magnésie et de chaux, ni le phosphate de soude, ni la silice, ni le fer que celle-ci contient. Qu'y a-t-il donc de commun entre le produit de l'art et celui de la nature? Un gaz, le gaz acide carbonique, qui entre, mais en proportions très-différentes, dans la composition des deux eaux. On conviendra qu'un liquide aussi compliqué que celui de Selters avait grandement besoin de se simplifier pour passer de l'officine à l'office.

L'eau de Seltz est donc tout simplement de l'eau naturelle contenant une certaine quantité, une forte quantité d'acide carbonique.

Nous sommes trop accoutumés au révélations de la chimie pour nous étonner beaucoup d'apprendre que le corps qui communique à l'eau des qualités si aimables n'est qu'une combinaison de l'un des deux gaz constituants de l'air atmosphérique, c'est-à-dire de l'oxygène, avec le charbon, ou, pour parler plus exactement, avec le carbone.

1 volume d'oxygène et 1 volume de carbone, ou bien, en poids, 75 parties de carbone et 200 parties d'oxygène, en se combinant, donnent naissance à un gaz incolore, à peu près sans odeur, qui, uni à l'eau, lui communique odeur piquante, saveur aigrelette, fraîcheur, vertus digestives, propriétés curatives, et ce gaz est l'acide carbonique.

Il résulte de ceci que l'eau jouit de la propriété de dissoudre l'acide carbonique. Elle en dissout en effet son propre volume, et c'est à peu près la quantité qu'en contiennent les eaux acidules naturelles de Setlers, Spa, Vichy, etc. C'est également celle que renferme une bouteille d'eau de Seltz éventée; c'est par conséquent une quantité insuffisante pour donner à cette boisson les qualités qui la font rechercher. Elle ne les acquiert pas à moins de contenir cinq ou six fois son volume de gaz. Il faut donc que l'art vienne en aide à la nature; de là la nécessité d'appareils tels que ceux de MM. Hermann Lachapelle et Glover.

III

Mais, d'abord, comment se procurera-t-on l'acide nécessaire à la fabrication de l'eau gazeuse? Ceci ne présente aucune difficulté. Peu de corps sont plus répandus que celui-ci : l'animal qui respire, la substance organique qui brûle, le liquide sucré qui fermente, la graine qui germe, le champignon qui végète, la fleur qui se développe, donnent naissance à de l'acide carbonique; les volcans en vomissent sans cesse, il s'exhale par maintes fissures du sol, surcharge certaines eaux minérales, envahit les galeries des mines, au travail desquelles sa présence met parfois de sérieux obstacles, qu'on trouvait tout simple, dans le bon vieux temps, d'attribuer à la malice des farfadets et des gnomes, qui, gardiens jaloux des trésors de la terre, en empêchaient l'exploitation en éteignant la lampe des mineurs et en faisant pis encore : autre temps, autre physique ! Les sources en sont si nombreuses et si abondantes que l'air en serait saturé si les végétaux n'avaient la propriété de le décomposer, et, en s'assimilant le carbone du gaz, de restituer à l'atmosphère l'oxygène qu'il renferme. En vertu de son poids, il arrive fréquemment qu'il s'amasse à la manière d'un liquide, au fond de certaines cavités. C'est ainsi que le sol de la fameuse *grotte du Chien*, située en Italie, sur la route de Naples à Pouzzolles, est constamment recouvert d'une couche d'acide carbonique épaisse de deux à trois pieds; personne n'ignore d'où lui vient ce nom de grotte du Chien, et de quel spectacle le gardien préposé à l'exploitation de cette merveille fait jouir les touristes. Le docteur James a vu, en 1843, un chien qui faisait personnellement, depuis trois années, les frais de cette expérience *in anima vili*. On rapporte que l'empereur Tibère procédait autrement : au lieu de chiens, il expérimentait sur des esclaves et poussait l'épreuve jusqu'au bout; esclave ou chien, pour un Romain, c'était tout un. On visite, près de la ville d'Aigueperse, en Vivarais, une source d'acide carbonique autour de laquelle la végétation acquiert une vigueur extraordinaire, ce qui s'explique par ce qu'on a dit plus haut. Le célèbre chimiste M. Girardin cite une troisième source non moins remarquable, située en Allemagne, sur les bords du Rhin, dans les bois qui entourent le lac Laacher, et dont on tire un parti assez singulier. Au fond de la fosse, profonde d'un pied, d'où se dégage le gaz, on a jeté des broussailles qui attirent les insectes. Une fois entrés, ceux-ci n'en sortent plus. Alléchés par la vue de ces petits cadavres, des oiseaux entrent à leur tour et subissent le même sort. Alors surviennent les chasseurs, qui s'emparent du gibier, si toutefois cela peut s'appeler une chasse.

Ce n'est pas cependant que l'acide carbonique soit délétère, car, d'après Seguin, l'air ne devient impropre à l'entretien de la vie que lorsqu'il en renferme 20 à 25 pour 100; mais il est irrespirable, et ce n'est évidemment pas par les poumons qu'on doit le prendre. Administré autrement, on n'a plus qu'à s'en louer : en entoure-t-on une blessure, la douleur cesse de se faire sentir; entre-t-il en proportion notable dans la composition du jus fermenté de la vigne, il nous donne les vins mousseux, le spirituel et joyeux champagne; dans une eau minérale, il la rend gazeuse; dans l'eau commune, enfin, nous venons de dire qu'il la doue des propriétés charmantes et bienfaisantes de l'eau de Seltz.

Pour en revenir à notre sujet, on voit qu'il n'est pas difficile de trouver de par le monde l'acide carbonique que consomme la fabrication des eaux gazeuses. Peut-être cependant ne devinerait-on pas où on va le prendre. Les pierres à bâtir, la marne, la craie, les marbres, l'albâtre, les coraux, les os, les coquilles, bien d'autres substances en contiennent d'inépuisables quantités; de là le nom d'*oxyde crayeux* que lui a donné Keir. Qu'on décompose les carbonates ou les bicarbonates de chaux, de magnésie, de fer, etc., soit par le feu, soit par les acides (sulfurique, chlorhydrique, azotique, borique, etc.), on obtiendra de l'acide carbonique. Or, c'est à la craie que les fabricants d'eau de Seltz demandent le gaz dont ils ont besoin; et si un lecteur étranger à la chimie ne se fût pas attendu à voir un composé de carbone et d'oxygène relever d'une façon si agréable la saveur de l'eau, à plus forte raison s'étonnera-t-il de voir emprunter ce composé à un moellon ou à un pain de craie.

C'est par les moyens chimiques qu'on l'en tire, c'est-à-dire en traitant la pierre par l'acide sulfurique. Au contact de celui-ci, la craie abandonne de l'acide carbonique, après quoi cet acide, au moyen d'appareils de compression, est introduit dans l'eau qui, mise en bouteilles et dans des bouteilles hermétiquement closes, peut être ensuite livrée à la consommation.

C'est ainsi qu'on opère aujourd'hui; mais on s'y prenait autrement dans l'enfance de cette industrie.

Au début, les premiers fabricants d'eau de Seltz (c'étaient, nous l'avons dit, les pharmaciens) se servaient de bicarbonate de soude et d'acide tartrique, qui, pulvérisés, étaient introduits dans une bouteille ordinaire ; on agitait pour opérer le mélange et activer la formation de l'acide carbonique, et, en dernier lieu, le consommateur absorbait les poudres avec le liquide. C'était peu agréable au goût, et cela pouvait être défavorable à la santé. Plus tard, on imagina des appareils gazogènes qui n'ont pas cet inconvénient au même degré, et au moyen desquels chacun peut, à la rigueur, préparer soi-même l'eau de Seltz qu'il consomme ; mais, à supposer que cette eau ait toutes les qualités de celle qui se fabrique en grand, le prix auquel celle-ci peut être livrée, et auquel ou la livrera généralement dans un avenir prochain, retire tout intérêt à ces petits appareils domestiques. Sans nous en occuper davantage, décrivons donc ceux de MM. Herman Lachapelle et Glover.

I V

1° Produire le gaz ; 2° l'épurer ; 3° l'emmagasiner ; 4° en saturer le liquide ; 5° enfin mettre le liquide en bouteilles, telles sont évidemment les opérations successives dont l'ensemble constitue la fabrication de l'eau de Seltz. Conséquemment, les appareils se composeront de cinq parties distinctes ; que le lecteur veuille bien jeter les yeux sur la figure ci-après, nous allons les lui montrer.

A droite, élevés sur un bâti de fonte, sont côte à côte le *producteur* et l'*épurateur* ; le producteur est à droite. Derrière eux s'élève le *gazomètre*. Sur la gauche de ce groupe on voit le *saturateur*, dont un ouvrier fait tourner le volant ; enfin, plus loin encore, viennent les appareils qui servent au tirage ou *mise en bouteilles*.

Le producteur se compose, comme on voit, de deux capacités superposées. Toutes deux sont en cuivre rouge, glacées de plomb à l'intérieur. La plus petite, située en haut et adaptée extérieurement, reçoit l'acide sulfurique ; l'autre contient la craie ou carbonate de chaux. Du compartiment supérieur l'acide s'écoule dans l'inférieur par une soupape de fond ou distributeur garni de platine. Cette soupape, qu'on meut au moyen d'une tige verticale faisant saillie au-dessus du vase, règle et ménage la dépense de l'acide. Le reste se comprend : au contact de l'acide sulfurique, la craie se décompose, forme du sulfate de chaux, et l'acide carbonique se dégage.

Un agitateur horizontal situé dans le cylindre producteur, agitateur qui se manœuvre du dehors et se meut de haut en bas, empêche que l'acide ne se dépose au fond du vase et mêle intimement les deux substances qui doivent réagir l'une sur l'autre. Ajoutons qu'une communication ménagée à l'intérieur de l'appareil, entre le réservoir à acide et le cylindre à craie, assure l'égalité de pression entre ces deux compartiments.

Voilà le gaz produit ; il s'agit de le purifier. Pour cela il se rend par un tube que montre la figure dans l'épurateur ou laveur, dont la forme rappelle celle du précédent appareil. Seulement, le petit compartiment supérieur est en cristal, et, ce que ne peut apprendre le dessin, l'épurateur, qui est en cuivre comme le producteur, est intérieurement doublé d'étain. Cet épurateur est divisé en trois capacités distinctes dont chacune contient de l'eau ; le compartiment en verre dont il vient d'être question est une de ces capacités, et comme sa transparence permet de suivre des yeux le passage du gaz, on lui donne le nom d'*indicateur*. Assujetti à traverser ces trois capacités, l'acide carbonique se débarrasse dans le trajet de toutes les impuretés qu'il contenait, et ce seul cylindre suffit pleinement à une entière épuration.

Ainsi lavé, le gaz se rend par un conduit spécial dans le gazomètre, vaste cloche à double suspension équilibrée qui, cédant à la poussée du gaz, s'élève à mesure que celui-ci afflue dans son intérieur. Ce gazomètre et sa cuve sont en fer galvanisé. Son bâti est en fer et en fonte. C'est là qu'on puisera le gaz au moment de le mêler à l'eau qu'il doit rendre gazeuse.

Le mélange a lieu dans le saturateur, sphère en bronze étamée, surmontant un élégant bâti en fonte, dans l'intérieur duquel est un petit récipient également étamé où afflue une eau limpide. Une pompe portée sur le même bâti, et qu'on voit à droite de celui-ci, aspire le gaz du gazomètre, l'eau du récipient, et refoule l'une et l'autre dans le saturateur. Un robinet régulateur permet, d'ailleurs, d'ouvrir des passages égaux à ces deux éléments ou d'augmenter la proportion de l'un aux dépens de celle de l'autre. Dans la sphère de bronze, un agitateur à larges palettes favorise, par son mouvement de rotation, la dissolution du gaz. La pompe et l'agitateur sont mus, comme on le voit, au moyen d'une manivelle, et un volant en fonte entretient l'uniformité du mouvement. Le degré de saturation de l'eau, ou, en d'autres termes, l'excès de pression qui retient le gaz, est annoncé par un manomètre métallique ; un niveau d'eau

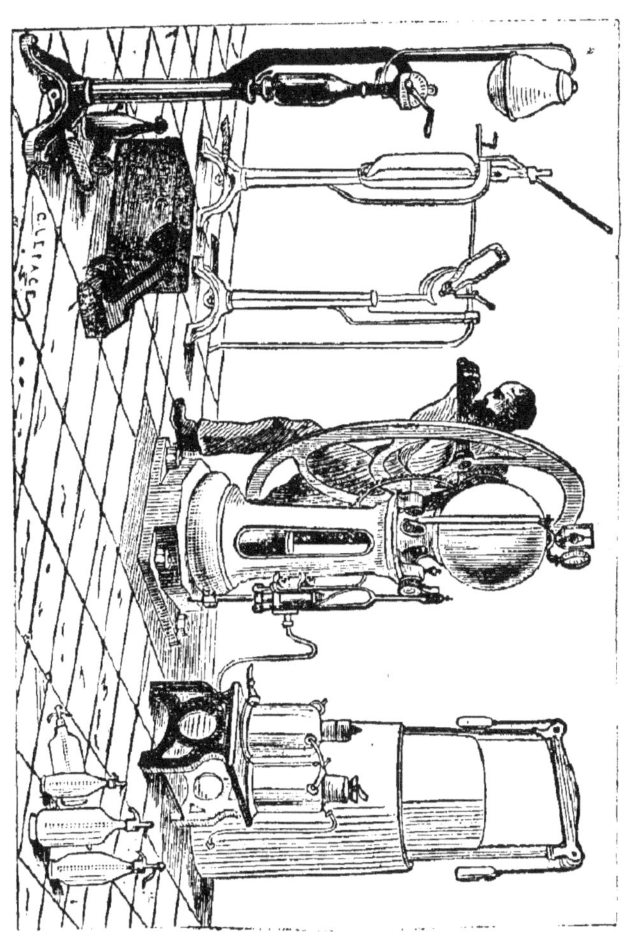

dans une armure de cuivre et une soupape de sûreté à sifflet complètent les organes d'indication et de sûreté.

L'eau étant chargée de gaz, il ne reste plus qu'à opérer son soutirage. Le soutirage se fait en plaçant successivement chaque siphon dans une enveloppe résistante, demi-cylindrique, montée sur un appareil à pédale en fonte, et en faisant jouer celle-ci. Le simple jeu de cette pédale ouvre et ferme la soupape du siphon, le rapproche ou l'éloigne d'un robinet à double effet, et enfin fait manœuvrer ce robinet lui-même, par le moyen duquel le siphon se vide d'air et se remplit d'eau gazeuse.

Lorsqu'on veut préparer des eaux de Seltz sucrées ou des limonades gazeuses, on met d'abord du sirop de sucre ou du sirop de citron dans les siphons, ce qui se fait au moyen d'une petite pompe figurée à l'extrémité gauche du dessin.

Enfin, s'il s'agit de fabriquer des vins mousseux, on peut, à la rigueur, introduire le vin dans le saturateur qui vient d'être décrit, et opérer comme précédemment. Cependant il faut remarquer que l'embouteillage dans les conditions susdites ne se fait pas sans qu'une certaine quantité de liquide soit répandue : l'inconvénient est petit lorsque ce liquide est de l'eau filtrée ; mais lorsqu'on opère sur des vins, il importe de réduire la perte le plus possible. MM. Lachapelle et Glover sont arrivés à la supprimer entièrement au moyen d'un saturateur à deux sphères. Cet appareil s'applique également à la préparation des limonades gazeuses et surtout des bières mousseuses. Lorsqu'il est spécialement destiné au vin, un glacis d'argent préserve le précieux liquide de tout contact nuisible à sa qualité.

V

Tels sont, très-brièvement décrits, les beaux et bons mécanismes construits par MM. Lachapelle et Glover. Pour apprécier l'exactitude de ces épithètes élogieuses, il faudrait que, comme nous l'avons fait à l'Exposition de Saint-Dizier, et plus complétement encore dans les ateliers des constructeurs, on pût examiner en détail chacun des organes qui viennent d'être décrits. Le moindre d'entre eux a été l'objet de soins infinis, il n'en est pas un seul qui n'ait subi des perfectionnements notables ; plusieurs sont de véritables ouvrages de précision et on les croirait sortis des mains d'un horloger bien plutôt que de celles d'un mécanicien : leur construction place MM. Lachapelle et Glover parmi les mécaniciens les plus habiles et les plus consciencieux.

Il est, du reste, quelques-uns des mérites de ces appareils que notre description, si sommaire qu'elle soit, suffit à mettre en relief. On apprécie les garanties de solidité, de sécurité, de durée et d'exact fonctionnement résultant de la nature des matériaux dont ils sont formés; on a vu que les métaux entrent seuls dans leur composition : fonte, fer galvanisé, cuivre rouge, bronze et platine. Nous avons dit avec quel soin toutes les parties en contact avec le liquide ou l'acide sont recouvertes d'un glacis protecteur. L'inspection de la figure montre, d'ailleurs, qu'il n'est pas d'outillage industriel dont l'agencement témoigne d'une meilleure entente de la forme, et aussi qu'il n'en est pas non plus de moins encombrant (tout cela tient dans un espace de trois mètres carrés); enfin, on s'explique aisément qu'un seul homme et la première personne venue suffise à faire tout marcher.

La comparaison de cet appareil avec la plupart de ceux qui ont été jusqu'ici en usage ne lui serait pas moins favorable que l'examen direct. Rien de plus défectueux, en effet, que l'outillage habituel du fabricant d'eau de Seltz ; c'est un des ouvrages mécaniques qui ont été le plus négligés ; nulle part ailleurs on n'a apporté moins de soins dans le choix des matériaux et dans leur mise en œuvre : où MM. Lachapelle et Glover prodiguent la fonte et le fer galvanisé, leurs prédécesseurs mettaient du bois ; où ils emploient le cuivre rouge, on employait le plomb ; ce qu'ils font en bronze, on le faisait en cuivre rouge. Le manque de précision des organes était nous ne dirons pas compensé, mais dissimulé au moyen de mastic ; c'est ainsi qu'on obtenait l'herméticité temporaire des fermetures, la solidité apparente des scellements et l'exactitude trompeuse des raccords. On devine ce que devaient durer des bâtis en bois constamment exposés à l'action de l'eau ; le maniement du robinet qui distribue l'acide sulfurique n'était pas sans danger, et plus d'un ouvrier a été atteint en plein visage par le liquide corrosif; dans la boîte à craie, l'agitateur, étant vertical, n'empêchait pas l'acide de se déposer inutilement en bas de l'appareil ; les laveurs en bois corrompaient l'eau, et on n'obtenait que des produits défectueux ; les soudures du saturateur, étant à l'étain, manquaient de solidité, et son épaisseur n'était pas toujours suffisante pour résister à la pression du gaz ; pour le dire en passant, l'administration devrait exiger que cet organe fût, au même titre que les générateurs à vapeur, soumis à la garantie des épreuves préalables, constatée par l'apposition du timbre. Dépense inutile de force, gaspillage de la matière première, déperdition du produit, manœuvre irrégulière, pénible et dangereuse, nécessité de réparations fréquentes et d'un prompt renouvellement: tels étaient les inconvénients reconnus de cet outillage si peu digne du dégré de perfection où la science du constructeur est arrivée ; quiconque en a fait usage sait ce que coûte le bon marché. Si on tient compte de la valeur intrinsèque des matériaux, les appareils Lachapelle et Glover sont les moins chers de tous ; ils sont moins chers encore en ce que la précision du travail jointe à la qualité des matériaux les rendent susceptibles de réparations bien moins fréquentes et bien moins importantes; en ce qu'ils ont aussi une durée beaucoup plus longue; et enfin en ce qu'on peut avec eux fabriquer aux moindres frais possibles des produits irréprochables. Pour bien fonctionner, ils ne demandent, en effet, qu'à être entretenus dans des conditions de propreté parfaite. Tant de perfectionnements de détail équivalent dans la pratique à une invention ; et bien qu'on pût espérer beaucoup, en pareille matière, d'une association formée entre deux hommes si bien préparés à se compléter l'un l'autre: celui-ci, ancien et honorable fabricant d'eaux gazeuses, apportant à l'œuvre commune l'intelligence pratique des besoins de l'industrie à laquelle il s'agit de venir en aide; l'autre, mécanicien exercé, y apportant la connaissance de toutes les ressources de son art: il faut reconnaître que MM. Lachapelle et Glover ont entièrement tenu ce qu'on pouvait attendre d'eux. C'est qu'à l'expérience et à l'habileté ils joignent cet amour de la profession qui fait de la recherche du bon et du beau un besoin, et la conscience qui fait de leur réalisation un devoir. Et ce qui doit être noté à titre d'utile leçon, c'est que la voie droite qu'ils ont suivie se trouve être la voie de tous les succès ; succès d'affaires, comme l'atteste le chiffre respectable des ouvrages sortis en peu de mois de leurs ateliers; succès d'honneur, ainsi qu'en témoignent les récompenses obtenues aux seules expositions où ils aient encore paru, celles de Besançon et de Saint-Dizier.

VI

Ils ont naturellement concentré dans leurs ateliers la construction de tous les accessoires qui complètent l'outillage du fabricant d'eau de Seltz. Dans le nombre, nous nous bornerons à citer le siphon, qui les a particulièrement occupés. Nous n'avons pas décrit le siphon, parce que tout le monde le connaît ; mais il est véritablement la cheville ouvrière de l'industrie qui nous occupe : sans lui, elle n'eût certainement pas pris le développement que nous avons constaté au début de cette notice. Les nombreux inconvénients de la bouteille se débouchant difficilement, avec bruit, en aspergeant le consommateur d'un liquide perdu, et qu'on n'entame pas sans que ce qui reste en vidange ne s'évente aussitôt, eussent mis un obstacle radical à l'admission des boissons gazeuses dans la consommation générale. Et si aujourd'hui, dans tant de petites villes où les pharmaciens exercent en fait le monopole de la fabrication, celleci demeure restreinte, cela vient en grande partie de ce que ces industriels, aussi routiniers qu'instruits, en sont encore à la bouteille, parfaitement assortie d'ailleurs au reste de leur outillage ; et ils s'en tiennent à la bouteille parce que, ne voyant que le prix d'achat, ils la croient moins dispendieuse que le siphon. Erreur ! Malgré son prix plus élevé, le siphon est moins cher à l'usage, et on en conviendra si on considère (pour prendre un exemple) qu'une fabrication très-peu active, telle que celle de 150 bouteilles par jour en moyenne, entraîne la consommation annuelle de 55 000 bouchons et de 220 kilogrammes de ficelle ; or, ces bouchons à 15 francs le mille, et cette ficelle à 2 fr. 25 c. le kilogramme, font ensemble une dépense de 1 320 francs qui équivaut au prix de plus 500 siphons. Quoi qu'il en soit, le siphon lui-même était susceptible de perfectionnement ; celui que construisent MM. Lachapelle et Glover se démonte et se remonte sans difficulté, et rend très-faciles les réparations que, même dans le cas d'avaries graves, le producteur peut opérer directement au moyen de pièces de rechange.

Enfin, bien que leurs appareils puissent être manœuvrés à la main, comme l'emploi d'un moteur plus puissant augmente notablement la production, MM. Lachapelle et Glover construisent pour les établissements un peu considérables de petites machines à vapeur fixes ou locomobiles de 1, 2 ou 3 chevaux, fonctionnant avec une faible dépense de combustible. Leurs locomobiles à cylindre vertical sont remarquables par leur solidité, due particulièrement à ce que le générateur, au lieu de servir de support au cylindre, est placé sur un socle de fonte à l'intérieur d'un bâti, sur lequel reposent les parties actives de la machine. On évite ainsi les fuites résultant de l'ébranlement que le mouvement du piston communique habituellement à tous les joints.

VI

Il ne nous reste plus qu'à dire un mot du prix de revient de cet outillage, de la somme de produits qu'il donne, et des bénéfices que peut en attendre celui qui les exploite. MM. Lachapelle et Glover construisent des appareils de dimensions différentes, qu'ils classent sous six numéros. Leur force productive va de 1000 bouteilles (6 à 700 siphons) à 7500 bouteilles (5000 à 5500 siphons) par jour. Leur prix varie entre 1600 et 3500 francs. On peut donc, avec un capital minime, monter un beau et bon laboratoire et fabriquer des produits de choix. Quand aux bénéfices à retirer de cette industrie, il résulte de nos renseignements que, lorsqu'on opère dans de bonnes conditions, d'une manière active et suivie, le prix de revient du siphon ne s'élève pas au delà de 2 centimes. Son prix de vente étant de 15 centimes, on voit que, selon celui des six appareils qu'on fait fonctionner, le produit net varie de 70 à 680 francs par jour de travail.

Nous n'avions donc pas tort de dire en commençant que la fabrication des eaux gazeuses offre d'assez beaux bénéfices pour attirer à elle les personnes en position d'y mettre un modeste capital. C'est une industrie à créer dans la plupart des petites villes de province, et à développer dans celles-là même où elle s'est installée. A Paris, en particulier, la fabrication ne suffit pas aux besoins, et si, comme nous le croyons, la consommation de cette ville est destinée à décupler, au lieu de soixante fabricants d'eau gazeuse que nous avons, il en faudra six cents ! Voilà donc une carrière qui ne sera pas encombrée de longtemps, et nous la signalons avec d'autant plus de plaisir à qui peut profiter de l'avis, que ce qui précède nous autorise à regarder l'usage de l'eau de Seltz comme lié d'une certaine manière à la moralisation des classes laborieuses.

Imp. Bailly, Divry et Ce, rue N.-D. des Champs, 49.

MODE DE PUBLICATION

ET CONDITIONS DE LA SOUSCRIPTION.

Le Compte-Rendu de l'Exposition industrielle, agricole et horticole de St-Dizier formera un volume in-8°. Il est publié par livraisons.

Le montant de la souscription est de 10 francs pour toute la France. Pour l'étranger, surtaxe de poste en sus.

Le prix de l'abonnement doit être adressé FRANCO à M. VICTOR MEUNIER, 109, rue du Cherche-Midi, à Paris, soit en un mandat de poste, soit en une traite à vue sur une maison de Paris.

NOTA. — Des conditions particulières seront faites aux souscripteurs qui prendront un certain nombre d'exemplaires du Compte-Rendu.

Ceux de MM. les Exposants qui désirent faire tirer à part les notices qui leur seront consacrées, sont priés d'en donner avis en envoyant les notes qui les concernent.

MODE DE PUBLICATION

ET CONDITIONS DE LA SOUSCRIPTION.

Le Compte-Rendu de l'Exposition industrielle, agricole et horticole de St-Dizier formera un volume in-8°. Il est publié par livraisons.

Le montant de la souscription est de 10 francs pour toute la France. Pour l'étranger, surtaxe de poste en sus.

Le prix de l'abonnement doit être adressé FRANCO à M. VICTOR MEUNIER, 109, rue du Cherche-Midi, à Paris, soit en un mandat de poste, soit en une traite à vue sur une maison de Paris.

NOTA. — Des conditions particulières seront faites aux souscripteurs qui prendront un certain nombre d'exemplaires du Compte-Rendu.

Ceux de MM. les Exposants qui désirent faire tirer à part les notices qui leur seront consacrées, sont priés d'en donner avis en envoyant les notes qui les concernent.